Uma Introdução às Equações Diferenciais

Textuniversitários 23

Francisco F. Grangeiro

Uma Introdução às *Equações Diferenciais*

Editora Livraria da Física
São Paulo — 2023

1a. Edição

Editor: José Roberto Marinho
Projeto gráfico e diagramação: Thiago Augusto Silva Dourado
Capa: Fabrício Ribeiro

Texto em conformidade com as novas regras ortográficas do Acordo da Língua Portuguesa.

Dados Internacionais de Catalogação na Publicação (CIP)
(Câmara Brasileira do Livro, SP, Brasil)

Grangeiro, Francisco F.
Uma introdução às equações diferenciais / Francisco F. Grangeiro. – São Paulo : Livraria da Física, 2023. – (Textuniversitários ; v. 23)

Bibliografia.
ISBN 978-65-5563-367-2

1. Equações diferenciais 2. Equações diferenciais parciais 3. Matemática - Estudo e ensino I. Título. II. Série.

23-170856 CDD-515.35

Índices para catálogo sistemático:

1. Equações diferenciais : Matemática 515.35

Eliane de Freitas Leite - Bibliotecária - CRB 8/8415

ISBN 978-65-5563-367-2

Impresso no Brasil
Printed in Brazil

www.lfeditorial.com.br
Visite nossa livraria no Instituto de Física da USP
www.livrariadafisica.com.br
Telefones:
(11) 39363413 - Editora
(11) 38158688 - Livraria

Dedico este trabalho a:
Minha esposa e companheira
de todas as horas, Ana Maria,
Minha Filha Mariana
e meu neto Gabriel.

Prefácio

Este trabalho foi construído ao longo de décadas em salas de aula da Universidade Federal do Maranhão e da Universidade Estadual do Maranhão.

Este foi um período de muito aprendizado que me proporcionou a experiência necessária para a realização desta tarefa e portanto temos muito a agradecer a estas duas instituições.

Na etapa final da elaboração deste livro tivemos o apoio decisivo do colega de departamento, professor doutor José Antonio Pires Ferreira Marão, amigo de longa data, que leu o manuscrito, contribuiu na digitação, elaborou todas as figuras do texto e deu seu aval para a publicação do livro.

Por tudo isso, sou profundamente grato ao professor Marão pela sua inestimável colaboração.

Sumário

Introdução

O estudo das equações diferenciais começa com a criação do cálculo, no final do século XVII, e teve como motivação problemas de natureza Física.

Procurava-se aquela época a obtenção de soluções das equações de forma explícita, o desejo de obter explicitamente as soluções é natural e razoável, entretanto logo se verificou que o número de equações que poderiam ser resolvidas desta forma era muito pequeno se comparado com o número de equações existentes. Hoje o foco está no estudo qualitativo, nos aspectos da existência e da unicidade de soluções e no comportamento destas quando a equação é submetida a pequenas pertubações.

1

Equações Diferenciais de Primeira Ordem

1.1 Introdução

Uma equação diferencial ordinária de ordem n é uma equação envolvendo uma variável independente x, uma função incógnita y e suas derivadas $y', y'', \ldots, y^{(n)}$; mais precisamente uma equação diferencial ordinária de ordem n é uma equação do tipo: $E(x, y, y', y'', \ldots, y^{(n)}) = 0$, onde E é uma função real definida numa região $\Omega \subset \mathbb{R}^{n+2}$.

Exemplo 1.1 $(y')^2 + x^2 - 1 = 0$.

Exemplo 1.2 $y'' + y = 0$.

Exemplo 1.3 $y' - f(x) = 0$, onde f é uma função real definida em um intervalo aberto $I \subset \mathbb{R}$.

1.2 Solução de uma equação diferencial

Definição 1.4 Uma função $f : I \subset \mathbb{R} \to \mathbb{R}$ definida num intervalo aberto I é *solução da equação diferencial* $E(x, y, y', y'', \ldots, y^{(n)}) = 0$ se para todo $x \in I$ tivermos que:

$$E(x, f(x), f'(x), \ldots, f^{(n)}(x)) = 0.$$

Exemplo 1.5 As funções $y_1(x) = \cos(x)$ e $y_2(x) = \text{sen}(x)$; $x \in \mathbb{R}$ são soluções da equação $y'' + y = 0$

De fato: para $y_1(x) = \cos(x)$ segue que $y_1'(x) = -\text{sen}(x)$ e para $y_1''(x) = -\cos(x)$ segue que $y_1''(x) + y_1(x) = -\cos(x) + \cos(x) = 0$, para todo $x \in \mathbb{R}$, daí segue que a função $y_1(x) = \cos(x)$ é solução da equação $y'' + y = 0$. De forma análoga verifica-se que a função $y_2(x) = \text{sen}(x)$ também é solução desta equação.

Exemplo 1.6 Seja $f : I \subset \mathbb{R} \to \mathbb{R}$ uma função contínua e seja $x_0 \in I$; a função $y : I \subset \mathbb{R} \to \mathbb{R}$ dado por $y(x) = \int_{x_0}^{x} f(t)dt$ é solução da equação $y' - f(x) = 0$.

De fato: Do Teorema Fundamental do Cálculo, a função $y(x) = \int_{x_0}^{x} f(t)dt$ é derivável no intervalo I e além disso tem-se que $y'(x) = f(x)$ e daí segue que:

$$y'(x) - f(x) = 0 \text{ para todo } x \in I \ \Rightarrow \ y(x) \text{ é solução da equação.}$$

Equação Diferencial Ordinária de 1ª Ordem é toda equação do tipo $E(x, y, y') = 0$, a equação $y' - f(x) = 0$, onde $x \in I \subset \mathbb{R}$ é de 1ª ordem.

1.3 Curva integral e solução

Uma curva plana determinada pela equação $f(x, y) = c$, onde c é uma constante real e f é uma função real definida numa região $\Omega \subset \mathbb{R}^2$, diz-se uma curva integral da equação $E(x, y, y') = 0$ se as funções definidas implicitamente pela equação $f(x, y) = c$ forem soluções desta equação.

Teorema 1.7 (Teorema das Funções Implícitas) *Seja $f(x, y)$ uma função real, diferenciável, de classe C^1 definida numa região aberta $\Omega \subset \mathbb{R}^2$ e seja $(x_0, y_0) \in \Omega$. Se $\frac{\partial f}{\partial y}(x_0, y_0) \neq 0$ e $f(x, y) = c$. As funções definidas implicitamente pela equação $f(x, y) = c$ são diferenciáveis num intervalo aberto I contendo o ponto x_0 e além disso, se $\varphi(x)$ for uma dessas funções tem-se:*

1. $\varphi(x_0) = y_0$;

2. $\varphi'(x) = -\dfrac{\frac{\partial f}{\partial x}(x,y)}{\frac{\partial f}{\partial y}(x,y)}$.

Para todo ponto $x \in I$ com $(x, y) \in \Omega$.

Exemplos de curvas integrais:

Exemplo 1.8 As curvas planas determinadas pela equação $x^2 + y^2 = a^2$, onde $a \in \mathbb{R}$, $a > 0$ são curvas integrais da equação diferencial $y' = -\frac{x}{y}$ definidas para $y \neq 0$.

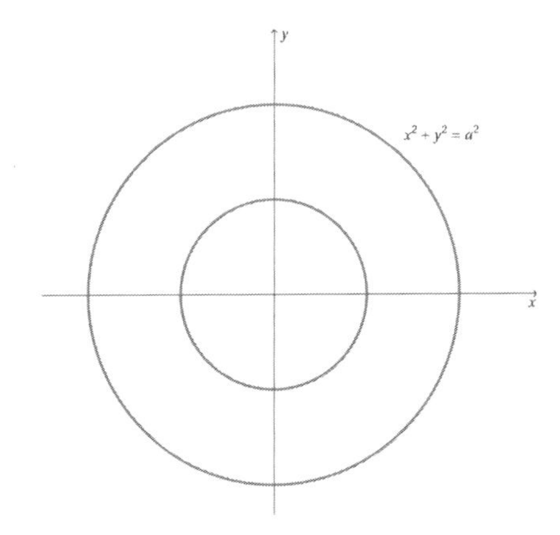

De fato: para cada $a \in \mathbb{R}$, $a > 0$ fixado, a equação $x^2 + y^2 = a^2$ define implicitamente duas funções:

$$y_1(x) = \sqrt{a^2 - x^2}, \quad -a < x < a;$$
$$y_2(x) = -\sqrt{a^2 - x^2}, \quad -a < x < a.$$

Verifica-se que $y_1'(x) = -\frac{x}{y}$ e que $y_2'(x) = -\frac{x}{y}$ consequentemente tem-se que as funções $y_1(x)$ e $y_2(x)$ são soluções da equação $y' = -\frac{x}{y}$ e portanto $x^2 + y^2 = a^2$ é uma curva integral desta equação.

Exemplo 1.9 As curvas planas determinadas pela equação $xy = c$, onde $c \in \mathbb{R}$, $c \neq 0$ são curvas integrais da equação $y' = -\frac{y}{x}$, $x \neq 0$

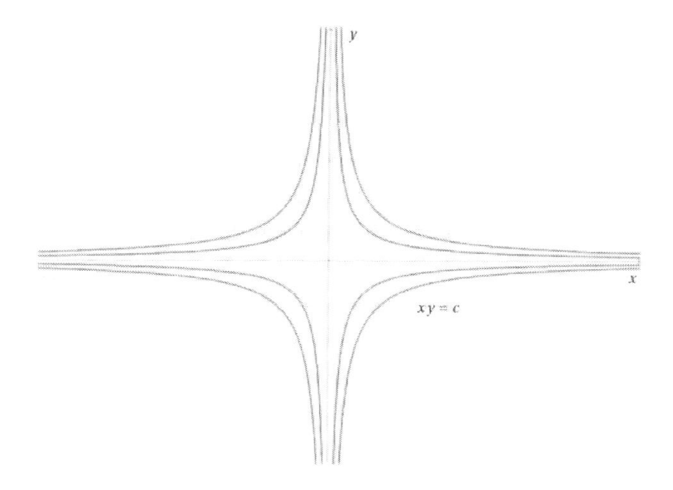

De fato: fixado $c \in \mathbb{R}$, $c \neq 0$, a função $y(x) = \frac{c}{x}$, $x \neq 0$ está definido implicitamente pela equação $xy = c$. Verifica-se facilmente que

$$y'(x) = -\frac{c}{x^2} = -\frac{c}{x} \cdot \frac{1}{x} \Rightarrow y'(x) = -\frac{y(x)}{x}$$

e portanto esta função é solução da equação $y' = -\frac{y}{x}$; consequentemente, as curvas planas determinadas pela equação $xy = c$ são curvas integrais da equação $y' = -\frac{y}{x}$.

1.4 Equação linear de primeira ordem

Resoluções de algumas Equações Diferenciais Ordinárias de Primeira Ordem:

Tipo 1. Equações diferenciais lineares de primeira ordem do tipo:

$$y' + p(x)y = q(x),$$

onde $p(x)$ e $q(x)$ são funções contínuas definidas num intervalo aberto $I \subset \mathbb{R}$.

Seja $\lambda(x) = e^{\int p(x)dx}$. A função $\lambda(x)$ é não nula em todo ponto $x \in I$ e portanto a equação

$$\lambda(x)y' + \lambda(x)p(x)y = \lambda(x)q(x)$$

é equivalente a equação

$$y' + p(x)y = q(x).$$

Observe que

$$[\lambda(x)y]' = \lambda(x)y' + \lambda(x)p(x)y = \lambda(x)[y' + p(x)y] = \lambda(x)q(x),$$

ou seja,

$$[\lambda(x)y)]' = \lambda(x)q(x).$$

Daí segue que:

$$\lambda(x)y = \int \lambda(x)q(x)dx + k,$$

ou seja,

$$y(x) = e^{-\int p(x)dx}\left[k + \int q(x)e^{\int p(x)dx}dx\right],$$

é solução da equação $y' + p(x)y = q(x)$ para cada constante $k \in \mathbb{R}$.

Exemplo 1.10 Considere a equação $y' + xy = x$ a função

$$y(x) = e^{-\frac{x^2}{2}}\left[k + e^{\frac{x^2}{2}}\right] = 1 + ke^{-\frac{x^2}{2}}$$

é a solução geral da equação.

1.5 Equação diferencial exata

Tipo 2. Equação exata. uma equação diferencial da forma

$$y' = -\frac{a(x,y)}{b(x,y)}$$

diz-se exata numa região $\Omega \subset \mathbb{R}^2$ se existir uma função $F : \Omega \subset \mathbb{R}^2 \to \mathbb{R}$ tal que $dF(x,y) = a(x,y)dx + b(x,y)dy$ para todo ponto $(x,y) \in \Omega$.

Teorema 1.11 *A expressão $a(x,y)dx + b(x,y)dy$ é a diferencial de uma função $F : \Omega \subset \mathbb{R}^2 \to \mathbb{R}$, onde Ω é uma região plana delimitada por uma curva fechada simples se:*

1. $\frac{\partial a}{\partial y}(x,y) = \frac{\partial b}{\partial x}(x,y),\ \forall (x,y) \in \Omega$

2. As funções $a(x,y), b(x,y), \frac{\partial a}{\partial y}(x,y)$ *e* $\frac{\partial b}{\partial x}(x,y)$ *são contínuas em* Ω*.*

Lema 1.12 (Teorema de Green) *Seja* α *uma curva fechada simples, orientada no sentido anti-horário e sejam* $\mathcal{D}$ *a região delimitada pela curva* α *e* $p(x,y), q(x,y)$ *funções contínuas definidas em* $\mathcal{D}$*. Se existirem e forem contínuas as derivadas parciais* $\frac{\partial q}{\partial x}$ *e* $\frac{\partial p}{\partial y}$ *em* $\mathcal{D}$ *tem-se:*

$$\int_\alpha p(x,y)dx + q(x,y)dy = \iint_{\mathcal{D}} \left(\frac{\partial q}{\partial x} - \frac{\partial p}{\partial y} \right) dxdy.$$

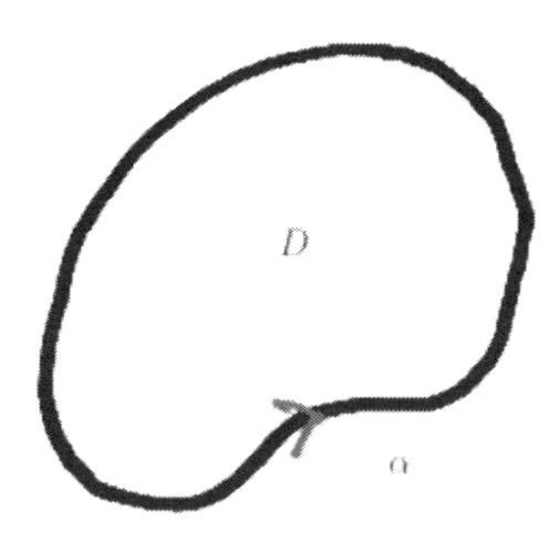

Lema 1.13 (Independência do caminho de integração) *Sejam* $p(x,y)$ *e* $q(x,y)$ *funções reais definidas em* $\mathcal{D}$ *que satisfazem as condições do Lema 1.1; se* $\frac{\partial q}{\partial x}(x,y) = \frac{\partial p}{\partial y}(x,y),\ \forall (x,y) \in \mathcal{D}$*, e se* α_1 *e* α_2 *são duas curvas cujo o traço estar contido em* $\mathcal{D}$ *e além disso* $\Gamma_{\alpha_1} \cap \Gamma_{\alpha_2} = \{A, B\}$ *então tem-se:*

$$\int_{\alpha_1} p(x,y)dx + q(x,y)dy = \int_{\alpha_2} p(x,y)dx + q(x,y)dy.$$

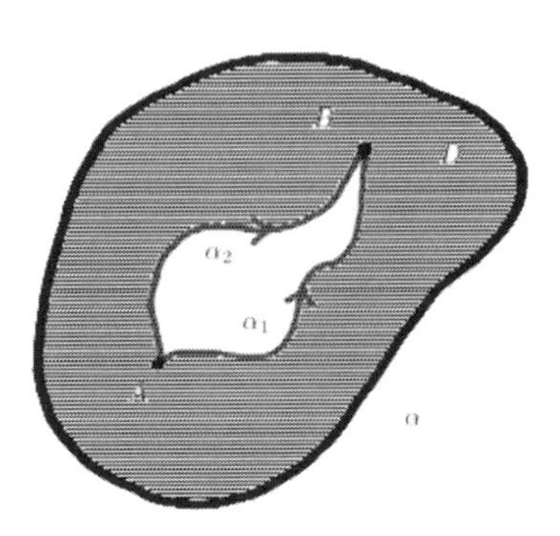

Lema 1.14 *Seja $\mathcal{D} \subset \mathbb{R}^2$ uma região aberta delimitada por uma curva fechada simples α.*

Sejam $p(x,y)$ e $q(x,y)$ funções definidas em $\mathcal{D}$ satisfazendo as condições do Lema 1.2 dado $(x_0,y_0) \in \mathcal{D}$ um ponto fixado e a função $F : \mathcal{D} \subset \mathbb{R}^2 \to \mathbb{R}$ dada por $F(x,y) = \int_\beta p(x,y)dx + q(x,y)dy$, onde β é uma curva ligando os pontos (x_0,y_0) ao ponto (x,y). Do Lema 1.2 segue que a integral de linha que define a função $F(x,y)$ não depende da curva β e portanto pode-se simplesmente escrever:

$$F(x,y) = \int_{(x_0,y_0)}^{(x,y)} p(x,y)dx + q(x,y)dy.$$

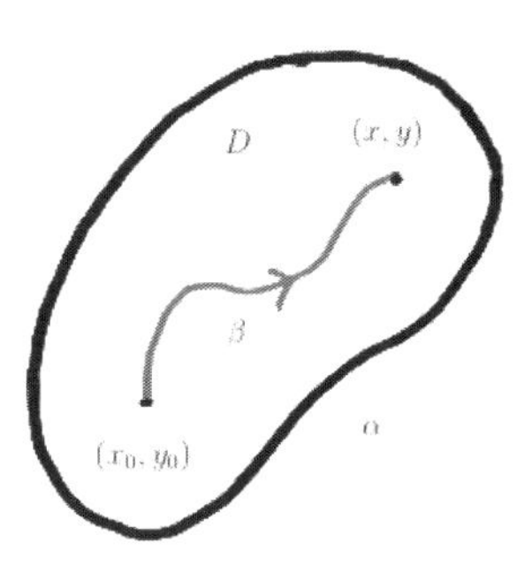

Demonstração do Teorema: Considere a função

$$F(x,y) = \int_{(x_0,y_0)}^{(x,y)} a(x,y)dx + b(x,y)dy.$$

Mostraremos que a função satisfaz ao Teorema, isto é:

$$dF(x,y) = a(x,y)dx + b(x,y)dy.$$

De fato:

Caso 1: Suponha que os pontos (x_0, y_0) e (x,y) e a região $\mathcal{D}$ são tais que os segmentos AB e BC da figura abaixo estão contidos na região $\mathcal{D}$, então tem-se:

$$F(x,y) = \int_{x_0}^{x} a(t,y_0)dt + \int_{y_0}^{y} b(x,t)dt,$$

daí segue que:

$$\begin{aligned}
\frac{\partial F}{\partial x}(x,y) &= \frac{\partial}{\partial x}\int_{x_0}^{x} a(t,y_0)dt + \frac{\partial}{\partial x}\int_{y_0}^{y} b(x,t) \\
&= a(x,y_0) + \int_{y_0}^{y} \frac{\partial b}{\partial x}(x,y)dt \\
&= a(x,y_0) + \int_{y_0}^{y} \frac{\partial a}{\partial y}(x,y)dt \\
&= a(x,y_0) + a(x,y) - a(x,y_0) = a(x,y).
\end{aligned}$$

Assim,

$$\frac{\partial F}{\partial y}(x,y) = \frac{\partial}{\partial y}\int_{x_0}^{x} a(t,y_0)dt + \frac{\partial}{\partial y}\int_{y_0}^{y} b(x,t)dt = b(x,y).$$

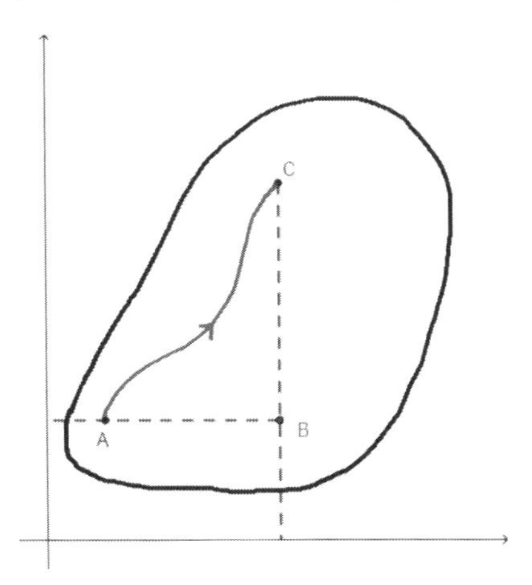

Logo tem-se

$$\frac{\partial F}{\partial x}(x, y) = a(x, y), \frac{\partial F}{\partial y}(x, y) = b(x, y),$$

consequentemente segue que

$$dF(x, y) = a(x, y)dx + b(x, y)dy.$$

Caso 2: Seja $\mathcal{D}$ uma região simplesmente conexa; isto é, delimitada por uma curva plana fechada simples (figura ao lado a que está no caso 2); e de tal modo, dados $A = (x_0, y_0)$ e $B = (x, y)$ é possível obter uma poligonal $AB_1B_2 \dots B_nB$, totalmente contido em $\mathcal{D}$ e de modo que o segmento B_nB satisfaz a condição do caso 1. Defina $G : \mathcal{D} \subset \mathbb{R}^2 \to \mathbb{R}$ a função dada por $G(x, y) = \int_{x_1}^{x} a(t, y_1)dt + \int_{y_1}^{y} b(x, t)dt$, onde $B_n = (x_1, y_1)$.

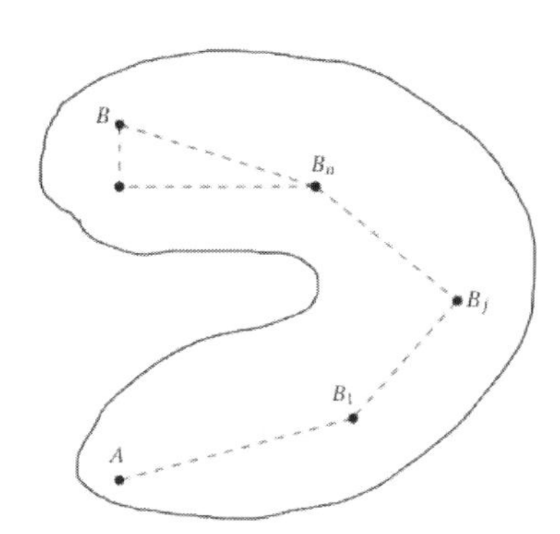

Observe que as funções $G(x, y)$ e $F(x, y)$ diferem por uma constante; isto é, $G(x, y) = F(x, y) + k$, onde $k \in \mathbb{R}$ é constante, daí segue que:

$$\frac{\partial G}{\partial x}(x, y) = \frac{\partial F}{\partial x}(x, y),$$
$$\frac{\partial G}{\partial y}(x, y) = \frac{\partial F}{\partial y}(x, y),$$

para todo $(x, y) \in \mathcal{D}$ e consequentemente tem-se que

$$dG(x, y) = a(x, y)dx + b(x, y)dy.$$

□

Definição 1.15 (Forma diferencial exata) A expressão $a(x, y)dx + b(x, y)dy = 0$ diz-se uma *forma diferencial exata* numa região $\mathcal{D} \subset \mathbb{R}^2$ se existir uma função diferencial $F : \mathcal{D} \subset \mathbb{R}^2 \to \mathbb{R}$ tal que $dF(x, y) = a(x, y)dx + b(x, y)dy, \ \forall (x, y) \in \mathcal{D}$.

Teorema 1.16 *Se $a(x, y)dx + b(x, y)dy = 0$ for uma equação exata numa região $\mathcal{D} \subset \mathbb{R}^2$, onde $\mathcal{D}$ satisfaz as condições do Teorema anterior, então para toda função $F : \mathcal{D} \subset \mathbb{R}^2 \to \mathbb{R}$ tal que $dF(x, y) = a(x, y)dx + b(x, y)dy$ tem-se que as curvas planas determinadas pela equação $F(x, y) = c$, onde $c \in \mathbb{R}$ é uma constante, são curvas integrais da equação diferencial $y' = -\frac{a(x,y)}{b(x,y)}$.*

Demonstração: Seja $\alpha(t) = (x(t), y(t))$ uma parametrização diferenciável da curva dada pela equação $F(x, y) = c$ e seja $f(t) = F(\alpha(t))$, então $f'(t) = \langle \nabla F(\alpha(t)), \alpha'(t) \rangle$, mas

$$\begin{aligned} f(t) \equiv c \quad &\Rightarrow \quad \langle \nabla F(\alpha(t)), \alpha'(t) \rangle \equiv 0 \\ &\Rightarrow \quad \frac{\partial F}{\partial x}(\alpha(t)) \cdot x'(t) + \frac{\partial F}{\partial y}(\alpha(t)) \cdot y'(t) = 0 \\ &\Rightarrow \quad \frac{\partial F}{\partial x}(x, y)dx + \frac{\partial F}{\partial y}(x, y)dy = 0, \end{aligned}$$

para todo ponto $(x, y) \in \mathcal{D}$ e tal que $F(x, y) = c$, mas $\frac{\partial F}{\partial x}(x, y) = a(x, y)$ e

$$\frac{\partial F}{\partial y}(x, y) = b(x, y) \Rightarrow a(x, y)dx + b(x, y)dy = 0,$$

para todo ponto $(x, y) \in \mathcal{D}$ com $F(x, y) = c$ consequentemente $F(x, y)$ é uma curva integral da equação diferencial $y' = -\frac{a(x,y)}{b(x,y)}$. □

Exemplo 1.17 A equação diferencial $ydx + xdy = 0$ é exata em todo o plano $\mathbb{R}^2$. De fato: como as funções $a(x,y) = y$ e $b(x,y) = x$; então $\frac{\partial a}{\partial y} = 1$ e $\frac{\partial b}{\partial x} = 1$ são contínuas em $\mathbb{R}^2$ e satisfazem a condição de $\frac{\partial a}{\partial y}(x,y) = \frac{\partial b}{\partial x}(x,y)$ para todo ponto $(x,y) \in \mathbb{R}^2$, donde se conclui que a equação $ydx + xdy = 0$ é exata em $\mathbb{R}^2$.

Obtenção de uma função $F : \mathbb{R}^2 \to \mathbb{R}$ tal que $dF(x,y) = ydx + xdy$, a função procurada $F(x,y)$ deve satisfazer as condições $\frac{\partial F}{\partial x}(x,y) = y$ e $\frac{\partial F}{\partial y}(x,y) = x$, para todo ponto $(x,y) \in \mathbb{R}^2$. Integrando a função $\frac{\partial F}{\partial x}(x,y)$ em relação a variável x vem:

$$F(x,y) = \int ydx = xy + \varphi(y),$$

onde $\varphi(y)$ é uma função incógnita à ser determinada.

Derivando a função $F(x,y)$ obtida acima, em relação a variável y, vem $\frac{\partial F}{\partial y}(x,y) = x + \varphi'(y)$, mas

$$\frac{\partial F}{\partial y}(x,y) = x \Rightarrow \varphi'(y) = 0 \Rightarrow \varphi(y) = k,$$

k constante; portanto a função procurada é:

$$F(x,y) = xy + k,$$

onde $k \in \mathbb{R}$ é constante.

Obtenção das curvas integrais e as soluções da equação $\boldsymbol{ydx + xdy = 0}$. As curvas integrais da equação acima são do tipo $F(x,y) = c$, onde $c \in \mathbb{R}$ ou seja, as curvas integrais da equação são $xy = c$, onde $c \in \mathbb{R}$.

Soluções da equação $ydx + xdy = 0$.

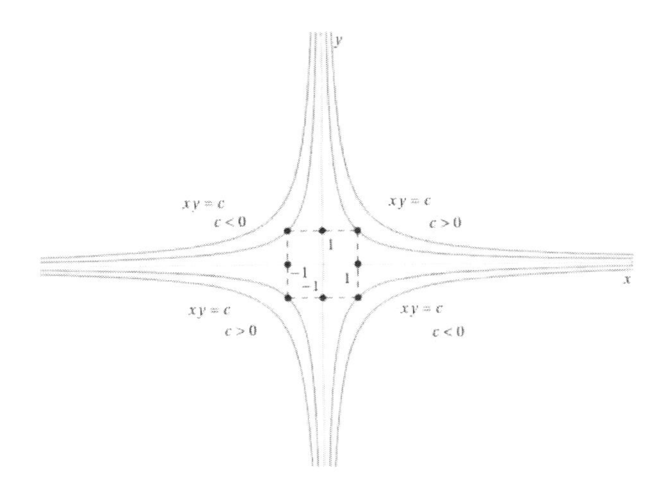

1. Se $c = 0 \Rightarrow xy = 0 \Rightarrow y(x) = 0$ é uma solução da equação diferencial;

2. Se $c \neq 0$, as funções $y(x) = \frac{c}{x}$, $x \neq 0$ são soluções da equação para cada $c \in \mathbb{R}$ fixado.

Exemplo 1.18 A equação diferencial

$$xdx + ydy = 0$$

é exata em todo o plano $\mathbb{R}^2$.

De fato: as funções $a(x, y) = x$; $b(x, y) = y$; $\frac{\partial a}{\partial y} = 0$ e $\frac{\partial b}{\partial x} = 0$ são contínuas e satisfazem as condições $\frac{\partial a}{\partial y} = \frac{\partial b}{\partial x}$, para todo $(x, y) \in \mathbb{R}^2$, portanto se pode concluir que a equação $xdx + ydy = 0$ é exata em $\mathbb{R}^2$.

Obtenção das curvas integrais e as soluções da equação $xdx + ydy = 0$.

1. Obtenção de uma função $F : \mathbb{R}^2 \to \mathbb{R}$ tal que $dF(x, y) = xdx + ydy$, a função procurada $F(x, y)$ deve satisfazer as condições $\frac{\partial F}{\partial x}(x, y) = x$ e $\frac{\partial F}{\partial y}(x, y) = y$, para todo ponto $(x, y) \in \mathbb{R}^2$. Integrando a função $\frac{\partial F}{\partial x}(x, y)$ em relação a variável x vem:

$$F(x, y) = \int \frac{\partial F}{\partial x}(x, y)dx + \psi(y) = \int xdx + \psi(y) = \frac{x^2}{2} + \psi(y),$$

onde $\psi(y)$ é uma função incógnita à ser determinada.

Derivando a função $F(x,y)$, em relação a variável y, vem

$$\frac{\partial F}{\partial y}(x,y) = \psi'(y) \Rightarrow \psi'(y) = y \Rightarrow \psi(y) = \frac{y^2}{2},$$

portanto a função procurada é:

$$F(x,y) = \frac{x^2}{2} + \frac{y^2}{2} + k,$$

onde k é uma constante real.

2. As curvas integrais da equação da equação são do tipo:

$$x^2 + y^2 = c,$$

onde $C \in \mathbb{R}$, $c > 0$ Gráficos das curvas integrais da equação são circunferências de centro na origem e raio $a > 0$.

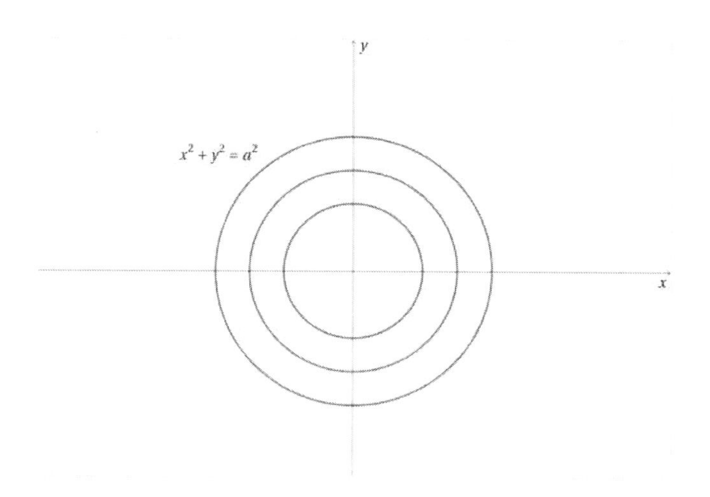

3. Cada curva integral do tipo $x^2 + y^2 = a^2$ define soluções da equação: As soluções são do tipo:

$$y_1(x) = \sqrt{a^2 - x^2}, \quad -a < x < a,$$
$$y_2(x) = -\sqrt{a^2 - x^2}, \quad -a < x < a.$$

1.6 Equação diferencial homogênea

Tipo 3. Equação homogênea. Função Homogênea: uma função $f : \mathcal{D} \subset \mathbb{R}^n \to \mathbb{R}$ é homogênea de grau λ em $\mathcal{D}$ se para todo ponto $P \in \mathcal{D}$ e todo $t \in \mathbb{R}$; $tP \in \mathcal{D}$, tem-se $f(tP) = t^\lambda f(P)$.

Exemplo 1.19 A função $f : \mathbb{R}^2 \to \mathbb{R}$ dada por $f(x, y) = xy$ é homogênea de grau-2 em $\mathbb{R}^2$.

Equação diferencial homogênea. Uma equação diferencial do tipo:

$$a(x, y)dx + b(x, y)dy = 0$$

é *homogênea sobre uma região* $\mathcal{D} \subset \mathbb{R}^2$ se as funções $a(x, y)$ e $b(x, y)$ forem homogêneas de mesmo grau, na região $\mathcal{D}$.

Exemplo 1.20 A equação diferencial $xydx + (x^2 + y^2)dy = 0$ é homogênea em $\mathbb{R}^2$.

De fato: as funções $a(x, y) = xy$ e $b(x, y) = x^2 + y^2$ são homogêneas de grau dois em $\mathbb{R}^2$.

Proposição 1.21 *Se as funções $a(x, y)$ e $b(x, y)$ forem homogênea de grau λ na região $\mathcal{D} \subset \mathbb{R}^2$; então a mudança de variável*

$$y = vx,$$

ou ainda

$$v = \frac{y}{x}, \quad x \neq 0,$$

transforma a equação diferencial homogênea

$$a(x, y)dx + b(x, y)dy = 0$$

numa equação exata na região $\mathcal{D}$.

DEMONSTRAÇÃO: Se $y = vx \Rightarrow dy = xdv + vdx$, substituindo esta expressão para dy na equação e tendo que:

$$a(x, y) = a(x, vx) = x^\lambda a(1, v),$$

$$b(x,y) = b(x,vx) = x^\lambda b(1,v),$$

vem que:

$$\begin{aligned} a(x,y)dx + b(x,y)dy &= x^\lambda a(1,v)dx + x^\lambda b(1,v)\,(xdv + vdx) \\ &= x^\lambda a(1,v)dx + x^{\lambda+1}b(1,v)dv + x^\lambda vb(1,v)dx \\ &= x^\lambda\left[a(1,v) + vb(1,v)\right]dx + x^{\lambda+1}b(1,v)dv. \end{aligned}$$

Consequentemente $a(x,y)dx + b(x,y)dy = 0$ se, e somente se: $x^\lambda\left[a(1,v) + vb(1,v)\right]dx + x^{\lambda+1}b(1,v)dv = 0$.

Para $x \neq 0$ e $a(1,v)+vb(1,v) \neq 0$ tem-se, dividindo a equação acima por $x^\lambda\left[a(1,v) + vb(1,v)\right]$ que a equação $a(x,y)dx + b(x,y)dy = 0$ se transforma na equação

$$\frac{dx}{x} + \frac{b(1,v)dv}{a(1,v) + vb(1,v)} = 0$$

que é exata. □

Exemplo 1.22 A equação $(x+y)dx+(y-x)dy = 0$ é homogênea em $\mathbb{R}^2$.

De fato: as funções $a(x,y) = x+y$ e $b(x,y) = y-x$ são homogêneas de grau-1 em $\mathbb{R}^2$. A mudança de variável $y = vx$ transforma esta equação na equação

$$\frac{dx}{x} + \frac{v-1}{1+v^2}dv = 0,$$

para $x \neq 0$.

De fato: substituindo-se:

1. $dy = vdx + xdv$,
2. $(x+y) = x(v+1)$,
3. $(y-x) = x(v-1)$.

Vem:

$$(x+y)dx + (y-x)dy = x(v-1)dx + x(v-1)\left[vdx + xdv\right]$$

$$= \left[x(v+1) + x(v^2 - v)\right]dx + x^2(v-1)dv$$
$$\Rightarrow (x+y)dx + (y-x)dy = 0$$
$$\Leftrightarrow \frac{dx}{x} + \frac{(v-1)}{1+v^2}dv = 0, \quad x \neq 0.$$

1.7 Teorema de existência e unicidade de solução do problema de valor inicial

Teorema 1.23 (Picard) *Seja $f : \mathcal{D} \subset \mathbb{R}^2 \to \mathbb{R}$ uma função contínua definida numa região aberta $\mathcal{D} \subset \mathbb{R}^2$. Suponha que a derivada parcial $\frac{\partial f}{\partial y} : \mathcal{D} \subset \mathbb{R}^2 \to \mathbb{R}$ seja uma função contínua. Para cada ponto $(x_0, y_0) \in \mathcal{D}$ existe um intervalo aberto I contendo o ponto x_0 e uma função $y : I \subset \mathbb{R} \to \mathbb{R}$ tal que:*

$$\frac{dy}{dx} = f(x,y), \quad y(x_0) = y_0.$$

1. $y'(x) = f(x, y(x))$;

2. $y(x_0) = y_0$.

Isto é, a função $y : I \subset \mathbb{R} \to \mathbb{R}$ acima é uma solução do problema de valor inicial.

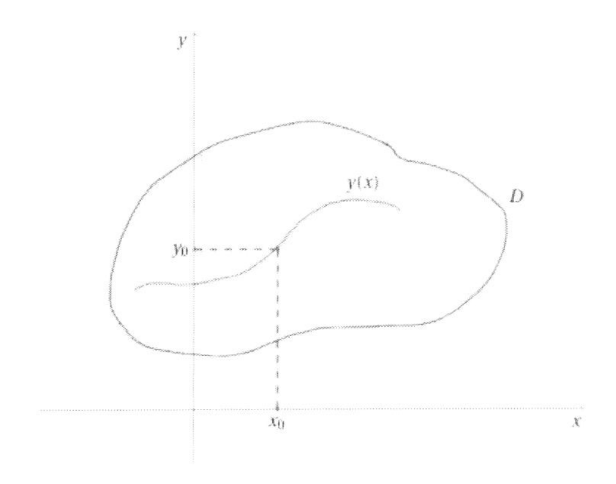

DEMONSTRAÇÃO: Seja $f : \mathcal{D} \subset \mathbb{R}^2 \to \mathbb{R}$ uma função contínua; existem números reais positivos a e b tais que:

1. Se $x_0 - a \leq x \leq x_0 + a$ e $y_0 - b \leq y \leq y_0 + b$, então $|f(x,y)| \leq M$, onde $M > 0$ é uma constante.

2. $\left|\frac{\partial f}{\partial y}(x,y)\right| \leq k$ para todo ponto $(x,y) \in \mathcal{D}$ com $x_0 - a \leq x \leq x_0 + a$ e $y_0 - b \leq y \leq y_0 + b$.

Considere o problema de valor inicial:

$$\begin{cases} y' = f(x,y), \\ y(x_0) = y_0. \end{cases}$$

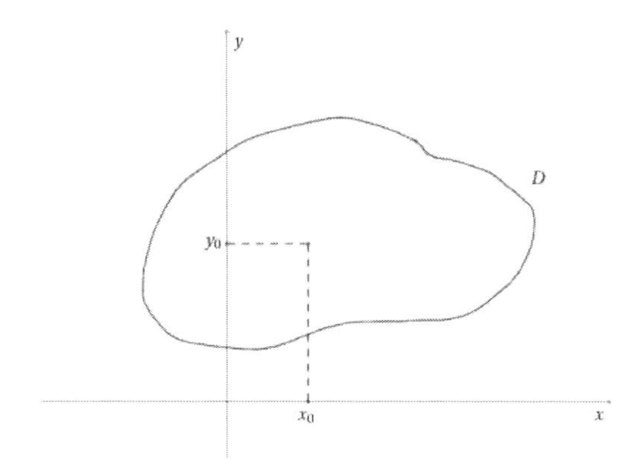

Seja $\psi(x) = y_0 + \int_{x_0}^{x} f(t, y(t))dt$, onde $y(t)$ é uma função incógnita definida no intervalo $(x_0 - a, x_0 + a)$. $\psi(x)$ é diferenciável e do teorema fundamental do cálculo tem-se que $\psi'(x) = f(x, y(x))$; portanto uma solução do problema de valor inicial acima deve satisfazer a equação integral:

$$y(x) = y_0 + \int_{x_0}^{x} f(t, y(t))dt.$$

Consideremos a sequência de funções $(y_n(x))$, definidas no intervalo
$(x_0 - a, x_0 + a)$, onde:

$$\begin{cases} y_1(x) = y_0 + \int_{x_0}^{x} f(t, y_0)\, dt, \\ y_2(x) = y_0 + \int_{x_0}^{x} f(t, y_1(t))\, dt, \\ \dots\dots\dots\dots\dots\dots\dots\dots\dots\dots, \\ y_n(x) = y_0 + \int_{x_0}^{x} f(t, y_{n-1}(t))\, dt, \end{cases}$$

observa-se que $y_n(x_0) = y_0$, $n \in \mathbb{N}$, e portanto todos os elementos da sequência $(f_n(x))$ satisfazem a condição inicial do problema.

Mostraremos a sequência $(f_n(x))$ converge uniformemente para uma função $y(x)$ definida no intervalo $(x_0 - a, x_0 + a)$ e que $y(x)$ é solução do problema de valor inicial.

Observe que:

$$y_n(x) = y_0 + \sum_{j=1}^{n} [y_j(x) - y_{j-1}(x)],$$

portanto para demonstrar a convergência uniforme da sequência $(y_n(x))$ é suficiente demonstrar que a série de funções $\sum_{n=1}^{\infty} [y_n(x) - y_{n-1}(x)]$ converge uniformemente no intervalo $[x_0 - a, x_0 + a]$.

Faça $a_n(x) = [y_n(x) - y_{n-1}(x)]$; então:

$$\begin{aligned} |a_1(x)| &= |y_1(x) - y_0(x)| = \left| \int_{x_0}^{x} f(t, y_0)\, dt \right| \\ &\leq |x - x_0| \cdot |f(t, y_0)| \leq M\, |x - x_0| \leq a \cdot M, \\ |a_2(x)| &= |y_2(x) - y_1(x)| = \left| \int_{x_0}^{x} (f(t, y_1(t)) - f(t, y_0))\, dt \right| \\ &= \left| \int_{x_0}^{x} \frac{\partial f}{\partial y} (\bar{t}, \bar{y})\, (y_1(t) - y_0)\, dt \right| \\ &\leq \int_{x_0}^{x} \left| \frac{\partial f}{\partial y} (\bar{t}, \bar{y}) \right| |y_1(t) - y_0|\, dt \leq k \cdot M\, |x - x_0|, \end{aligned}$$

$$\begin{aligned}|a_3(x)| = |y_3(x) - y_2(x)| &= \left|\int_{x_0}^{x} \left(f(t, y_2(t)) - f(t, y_1(t))\right) dt\right| \\ &= \left|\int_{x_0}^{x} \frac{\partial f}{\partial y} (\bar{t}, \bar{y}) \left(y_2(t) - y_1(t)\right) dt\right| \\ &\leq \int_{x_0}^{x} \left|\frac{\partial f}{\partial y}(\bar{t}, \bar{y})\right| |y_2(t) - y_1(t)| \, dt \leq M \cdot k^2 \frac{|x - x_0|^2}{2}.\end{aligned}$$

Prosseguindo obtêm-se que

$$|a_n(x)| = |y_n(x) - y_{n-1}(x)| \leq M \cdot k^{n-1} \frac{|x - x_0|^{n-1}}{(n-1)!}.$$

A série $\sum_{n=1}^{\infty} M k^{n-1} \frac{|x-x_0|^{n-1}}{(x-x_0)!}$ converge uniformemente no intervalo $[x_0 - a, x_0 + a]$, consequentemente tem-se a convergência uniforme da série

$$\sum_{n=1}^{\infty} a_n(x)$$

neste intervalo.

Seja $y(x) = \lim_{n\to\infty} y_n(x)$ o limite uniforme no intervalo $[x_0 - a, x_0 + a]$ da sequência $(y_n(x))$.

Visto que cada função $y_n(x)$ é diferenciável, segue que a função $y(x)$ é diferenciável em $(x_0 - a, x_0 + a)$ mas

$$\lim_{n\to\infty} y_n(x) = y_0 + \lim_{n\to\infty} \int_{x_0}^{x} f(t, y_{n-1}(t))dt.$$

Para concluir que a função $y(x)$ é a solução do problema de valor inicial resta provar que:

$$\lim_{n\to\infty} \int_{x_0}^{x} f(t, y_{n-1}(t))dt = \int_{x_0}^{x} \lim_{n\to\infty} f(t, y_{n-1}(t))dt$$

mas este resultado é verdadeiro porque a sequência de funções $(y_n(x))$ converge uniformemente para a função $y(x)$ no intervalo $[x_0 - a, x_0 + a]$. Logo, $y(x) = y_0 + \int_{x_0}^{x} f(t, y(t))dt$ é solução do problema de valor inicial.

Unicidade da Solução do Problema de Valor Inicial: Sejam $y_1(x)$ e $y_2(x)$ soluções do problema de valor inicial $y' = f(x, y)$ e $y(x_0) = y_0$ então tem-se

1. $y_1(x) = y_0 + \int_{x_0}^{x} f(t, y_1(t))dt$;
2. $y_2(x) = y_0 + \int_{x_0}^{x} f(t, y_2(t))dt$.

Visto que as funções $y_1(x)$ e $y_2(x)$ são contínuas, existe um número real $\delta > 0$, $\delta < a$ (tá nas condições da observação 1) de modo que se $x_0 - \delta \leq x \leq x_0 + \delta \Rightarrow y_0 - b \leq y_1(x) \leq y_0 + b$ e $y_0 - b \leq y_2(x) \leq y_0 + b$.

Da condição de limitação da derivada parcial $\frac{\partial f}{\partial y}$ segue que:

$$|f(t, y_1(t)) - f(t, y_2(t))| \leq k\,|y_1(t) - y_2(t)|,$$

onde $\left|\frac{\partial f}{\partial y}(x, y)\right| \leq k$, para todo $x_0 - \delta \leq x \leq x_0 + \delta$.

Para k na condição acima, tome $r > 0$; $r < \delta$ e $rk < 1$,

$$\begin{aligned} |y_1(x) - y_2(x)| &= \left| \int_{x_0}^{x} [f(t, y_1(t)) - f(t, y_2(t))]dt \right| \\ &\leq \int_{x_0}^{x} |f(t, y_1(t)) - f(t, y_2(t))|dt \\ &\leq k \int_{x_0}^{x} |f(t, y_1(t)) - f(t, y_2(t))|dt. \end{aligned}$$

Seja

$$M = \max\{|y_1(t), y_2(t)| : t \in [x_0 - r, x_0 + r]\},$$

então

$$|y_1(t) - y_2(t)| \leq k \cdot M\,|x - x_0|,$$

mas

$$\begin{aligned} |x - x_0| \leq r &\Rightarrow |y_1(t) - y_2(t)| \leq kr \cdot M \\ &\Rightarrow M \leq kr \cdot M \Rightarrow kr \geq 1 \quad \text{(absurdo)}. \end{aligned}$$

Portanto tem-se que $y_1(x) = y_2(x)$ para todo $x \in [x_0 - r, x_0 + r]$. □

Observação. A continuidade da derivada parcial $\frac{\partial f}{\partial y}$ no teorema de existência e unicidade da solução do problema de valor inicial $y' = f(x, y)$; $y(x_0) = y_0$ é *essencial.*

De fato, considere o seguinte problema de valor inicial: $y' = \sqrt{|y|}$; $y(0) = 0$. Neste problema a função $f(x,y) = \sqrt{|y|}$ é contínua, mas a função $\frac{\partial f}{\partial y}$ não é contínua no ponto $(0,0)$.

Observe que as funções

1. $y(x) = 0$,
2. $y(x) = \begin{cases} \frac{x^2}{4} & x \geq 0, \\ -\frac{x^2}{4} & x < 0, \end{cases}$

são soluções distintas deste problema de valor inicial.

1.8 Fator integrante

Um fator integrante para uma equação diferencial do tipo

$$a(x,y)dx + b(x,y)dy = 0,$$

definida numa região simplesmente conexa $\mathcal{D}$, é uma função não nula $\lambda(x,y)$, com $\lambda(x,y) \neq 0$ para todo $(x,y) \in \mathcal{D}$ definida em $\mathcal{D}$ e tal que a equação diferencial

$$\lambda(x,y)a(x,y)dx + \lambda(x,y)b(x,y)dy = 0$$

é exata na região $\mathcal{D}$.

Exemplo 1.24 Considere a equação diferencial $(x + 2y)dx - xdy = 0$, é fácil ver que esta equação não é exata, entretanto se multiplicarmos esta equação pela função $\lambda(x,y) = \frac{1}{x^3}$, $x \neq 0$, ela se transformará numa equação exata para $x > 0$ ou $x < 0$.

1.9 Fatores integrantes especiais

1. Fator integrante para a equação Linear de 1ª ordem do tipo

$$y' + p(x)y = q(x),$$

onde $p(x)$ e $q(x)$ são funções contínuas definidas num intervalo I.

Procuramos uma função contínua $\lambda : I \subset \mathbb{R} \to \mathbb{R}$; $\lambda(x) \neq 0$, $\forall x \in I$ e que além disso satisfaça condição:

$$\lambda(x)\left[y' + p(x)y\right] = \left[\lambda(x)y\right]',$$

ou seja, a expressão $\lambda(x)y' + \lambda(x)p(x)y$ é uma diferencial total, mas $\left[\lambda(x)y\right]' = \lambda(x)y' + \lambda'(x)y$, portanto $\lambda(x)\left[y' + p(x)y\right] = \left[\lambda(x)y\right]'$ ocorre se

$$\begin{aligned}
\lambda(x)y' + \lambda(x)p(x)y = \lambda(x)y' + \lambda'(x)y &\Rightarrow \lambda(x)p(x)y = \lambda'(x)y \\
&\Rightarrow \lambda(x)p(x) = \lambda'(x) \Rightarrow \frac{\lambda'(x)}{\lambda(x)} = p(x) \\
&\Rightarrow \int \frac{\lambda'(x)}{\lambda(x)}dx = \int p(x)dx \\
&\Rightarrow \log(\lambda(x)) = \int p(x)dx \Rightarrow \lambda(x) = e^{\int p(x)dx}.
\end{aligned}$$

portanto a função

$$\lambda(x) = e^{\int p(x)dx}$$

é um fator integrante para a equação linear $y' + p(x)y = q(x)$.

Seja $\lambda(x, y)$ um fator integrante da equação

$$a(x, y)dx + b(x, y)dy = 0$$

numa região simplesmente conexa $\mathcal{D} \subset \mathbb{R}^2$; então a equação $\lambda(x, y)a(x, y)dx + \lambda(x, y)b(x, y)dy = 0$ é exata em $\mathcal{D}$ e portanto tem-se:

$$\frac{\partial}{\partial x}[\lambda(x, y)b(x, y)] = \frac{\partial}{\partial y}[\lambda(x, y)a(x, y)]$$

para todo ponto $(x, y) \in \mathcal{D}$, implica que

$$\begin{aligned}
\frac{\partial \lambda}{\partial x}(x, y) \cdot b(x, y)] + \lambda(x, y)\frac{\partial b}{\partial x}(x, y)& \\
= \frac{\partial \lambda}{\partial y}(x, y) \cdot a(x, y)] + \lambda(x, y) \cdot \frac{\partial a}{\partial y}(x, y)&
\end{aligned}$$

para todo ponto $(x,y) \in \mathcal{D}$, ou equivalentemente:

$$\lambda(x,y)\left[\frac{\partial b}{\partial x}(x,y) - \frac{\partial a}{\partial y}(x,y)\right] = a(x,y)\cdot\frac{\partial \lambda}{\partial y}(x,y) - b(x,y)\cdot\frac{\partial \lambda}{\partial x}(x,y);$$

dividindo-se a igualdade acima por $\lambda(x,y)$ vem que:

$$\frac{1}{\lambda(x,y)}\left[a(x,y)\frac{\partial \lambda}{\partial y}(x,y) - b(x,y)\frac{\partial \lambda}{\partial x}(x,y)\right] = \frac{\partial b}{\partial x}(x,y) - \frac{\partial a}{\partial y}(x,y).$$

2. Fator integrante da equação $a(x,y)dx + b(x,y)dy = 0$ que só depende da variável x. Se o fator integrante for uma função somente da variável x, a equação se transformará na equação:

$$\frac{\lambda'(x)}{\lambda(x)} = \frac{1}{b(x,y)}\left[\frac{\partial a}{\partial y}(x,y) - \frac{\partial b}{\partial x}(x,y)\right],$$

e neste caso, o lado direito da igualdade acima é uma função $\varphi(x)$ e tem-se

$$\frac{\lambda'(x)}{\lambda(x)} = \varphi(x) \Rightarrow \lambda(x) = e^{\int \varphi(x)dx},$$

e neste caso a equação tem um fator integrante $\lambda(x) = e^{\int \varphi(x)dx}$.

3. Fator integrante da equação $a(x,y)dx + b(x,y)dy = 0$ que só depende da variável y. Se o fator integrante depender somente da variável y, a equação se transformará na equação:

$$\frac{\lambda'(y)}{\lambda(y)} = \frac{1}{a(x,y)}\left[\frac{\partial b}{\partial x}(x,y) - \frac{\partial a}{\partial y}(x,y)\right],$$

e neste caso, o lado direito da igualdade acima é uma função $\psi(y)$ e tem-se

$$\frac{\lambda'(y)}{\lambda(y)} = \psi(y) \Rightarrow \lambda(y) = e^{\int \psi(y)dy},$$

consequentemente, a equação diferencial acima tem um fator integrante do tipo $\lambda(y) = e^{\int \psi(y)dy}$.

1.10 Algumas aplicações das equações diferenciais ordinárias de 1ª ordem

1.10.1 Decaimento radioativo

Observa-se que os materiais radioativos decaem com uma taxa proporcional à quantidade do material presente na amostra; se $y(t)$ for a quantidade deste material no instante t, então a taxa de decrescimento deste material é dada por

$$\frac{dy}{dt} = -ry,$$

onde $r > 0$ é uma constante real. A equação acima é uma equação diferencial linear de 1ª ordem.

Obtenção da quantidade $y(t)$ *do material contido na amostra a cada instante* t. A equação

$$\frac{dy}{dt} = -ry$$

pode ser reescrita, separando as variáveis sob a forma:

$$\frac{dy}{y} = -rdt$$

integrando a equação acima vem que:

$$\int \frac{dy}{y} = \int -rdt \Rightarrow \log(y) = -rt + k,$$

onde $k \in \mathbb{R}$ é uma constante, daí vem que

$$y(t) = e^{-rt+k} = e^k e^{-rt}.$$

Se $y(0) = y_0$, então

$$y(t) = y_0 e^{-rt},$$

onde $y_0 = e^k$ que é a quantidade do material da amostra no instante inicial, isto é, no instante $t = 0$.

Exemplo 1.25 O tório-234 desintegra-se a uma taxa proporcional à quantidade do material presente. Se 100 mg deste material reduziram-se a $82,04$ mg em sete dias; achar uma expressão que dê a quantidade presente de tório em qualquer instante t, e o intervalo de tempo necessário para que a massa deste material se reduza para metade do seu valor original.

Solução: Se $y(t)$ é a quantidade do material da amostra do tório no instante t; viu-se que $\frac{dy}{dt}|_t = -rt$, onde $r > 0$ é a constante de desintegração do tório-234 a equação que dar a quantidade presente de tório-234 em cada instante t é dada por $y(t) = y_0 e^{-rt}$, onde $y_0 = 100$ mg e r é a constante de desintegração radioativa que será determinada pela condição de $y(7) = 82,04$ mg.

Determinação da constante r: Da condição de que $y(0) = 100$ mg e $y(7) = 82,04$ mg tem-se que $82,04mg = 100e^{-7r}$ mg e daí segue que

$$0,8204 = e^{-7r} \Rightarrow r = -\ln(0,820) \cong 0,02828$$

e consequentemente a equação que dar a quantidade de massa do tório-234, presente na amostra em cada instante t é

$$y(t) = 100e^{-0,02828.t}.$$

Determinação do intervalo de tempo necessário para que a massa se reduza a metade da massa original: Da equação $y(t) = 100e^{-0,02828t}$ e $y(t) = 50$, segue que

$$50 = 100e^{-0,02828t} \Rightarrow \frac{1}{2} = e^{-0,02828t} \Rightarrow t \cong \frac{\ln(2)}{0,02828} \cong 24,5$$

ou seja $t \cong 24,5$ dias

Gráfico da função decaimento radioativo do tório-234.

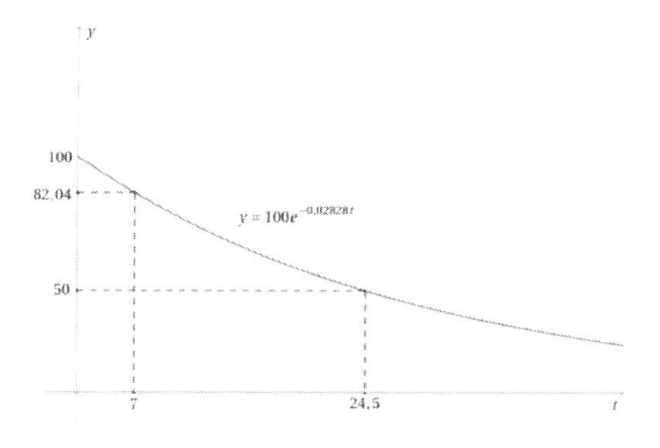

□

1.10.2 Juros Compostos

Suponhamos que uma determinada soma de dinheiro é depositada num banco à uma taxa anual de juros de $r\%$ e que a capitalização deste investimento seja contínua, ache o valor capitalizado deste investimento a cada instante t; sabendo-se que o valor investido é $100.000,00$ reais.

SOLUÇÃO: Seja $y(t)$ o valor capitalizado no instante t, então $y(0) = 100.000,00$. Sabe-se que a taxa de variação do capital investido é $\frac{dy}{dt}|_t = ry$; portanto o valor capitalizado em cada instante t é

$$y(t) = 100.000e^{rt},$$

onde $r > 0$, $r \in \mathbb{R}$.

Observação: O crescimento de um investimento com juros com capitalização contínua é de ordem exponencial.

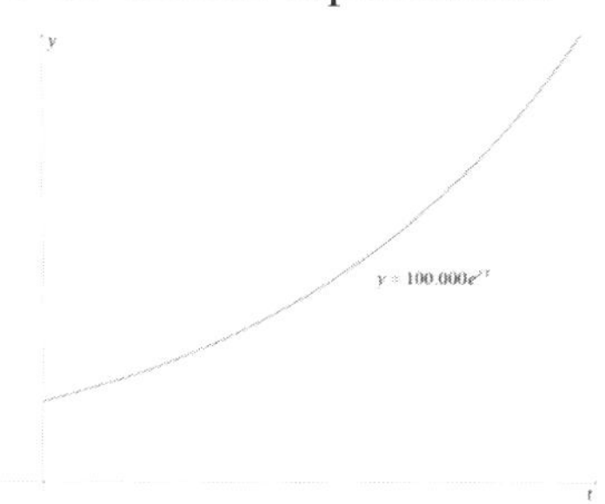

□

Exercícios

1. Considere a equação diferencial:

$$(x^2 + y^2)dx + (x^3 + 3xy^2 + 2xy)dy = 0.$$

   (a) Verifique que esta equação não é exata.

   (b) Ache um fator integrante da equação.

   (c) Ache as curvas integrais da equação.

2. A equação diferencial ordinária de 1ª ordem do tipo

$$y' + p(x)y = y^n q(x),$$

   onde $n \in \mathbb{N}$, $n \neq 1$ e $n \neq 0$; não é linear. Mostre que a mudança de variável $u = y^{1-n}$ transforma esta equação numa equação linear.

3. Considere a equação $y' = -\frac{x}{y}$, definida para $y \neq 0$.

   (a) Ache as curvas integrais da equação.

   (b) Explicite as soluções definidas por estas curvas integrais.

4. Considere a equação $y' = 3y^{2/3}$, definida para todo ponto $(x, y) \in \mathbb{R}^2$.

   (a) Discuta esta equação do ponto da existência e unicidade de solução.

   (b) Obtenha e esboce graficamente as suas soluções.

5. Separando as variáveis, ache as curvas integrais da equação:

$$x(1 + y^2)dx + (x^2 + 1)ye^y dy = 0.$$

6. Ache a solução geral da equação:

$$y' = \frac{(x + y)}{(x - y)},$$

   e esboce graficamente esta solução.

7. Ache a solução geral da equação $(x + y + 1)dx + (x - y - 3)dy = 0$.

8. Resolva cada uma das equações abaixo:

(a) $\cos(y)dx + x\,\mathrm{sen}(y)dy = 0$;

(b) $(xy^2 + y^2 - x - 1)dx + (y - 1)dy = 0$;

(c) $(x^2 + y^2)dx + 2xydy = 0$.

9. Mostre que cada uma das equações seguintes é exata e ache a curva integral de cada uma delas.

(a) $2xydx + (x^2 + 4y)dy = 0$;

(b) $y(y^2 - 3x^2)dx + x(3y^2 - x^2)dy = 0$;

(c) $\frac{ydy - xdy}{(x+y)^2} + \frac{dy}{y} = 0$.

10. Ache um fator integrante e resolva as equações seguintes:

(a) $(1 + xy)dx + x(\frac{1}{y} + x)dy = 0$;

(b) $y(1 + y^3)dx + x(y^3 - 2)dy = 0$;

(c) $y(2 + xy)dx + x(1 + xy)dy = 0$.

11. Resolva as equações seguintes:

(a) $(x^3 + x + y)dx - xdy = 0$;

(b) $x(1 - y)dx - dy = 0$.

12. Em cada uma das equações abaixo, determine uma solução que satisfaz a condição inicial exigida.

(a) $y' = 16 - x^4$; $y(1) = 2$;

(b) $\frac{dx}{dt} = x^3$; $x(1) = 2$.

(c) $\frac{d\rho}{d\theta} + \sec(\theta) = 1 - \mathrm{sen}(\theta)$; $\rho = 3$, $\theta = 0$.

13. Mostre que cada uma das equações é homogênea; resolva cada equação e esboce graficamente as soluções:

(a) $\frac{dy}{dx} = \frac{x+y}{x}$;

(b) $2ydx - xdy = 0$;

(c) $\frac{dy}{dx} = \frac{x^2+xy+y^2}{x^2}$;

(d) $\frac{dy}{dx} = \frac{4x+3y}{2x+y}$.

14. Mostre que se $a(x,y)dx + b(x,y)dy = 0$ for homogênea em $\mathcal{D} \subset \mathbb{R}^2$, então a função
$$\lambda(x,y) = \frac{1}{[xa(x,y) + yb(x,y)]}$$
é um fator integrante da equação.

15. Verifique a expressão para a diferencial das funções seguintes:

    (a) $d(x^\alpha) = \alpha x^{\alpha-1}dx$;

    (b) $d(xy) = xdy + ydx$;

    (c) $d(x/y) = \frac{(ydx-xdy)}{y^2}$;

    (d) $d(x^2 + y^2) = 2xdx + 2ydy$;

    (e) $d\left[\log\left(\frac{x}{y}\right)\right] = \frac{(ydx-xdy)}{xy}$;

    (f) $d\left[\arctan\left(\frac{x}{y}\right)\right] = \frac{(ydx-xdy)}{(x^2+y^2)}$.

16. Mostre que a equação $y' = \frac{ax+by}{cx+dy}$, onde: a, b, c, d são constantes reais; $ad - bc \neq 0$ é exata, se e somente se $b + c = 0$.

17. Resolva a equação acima, no caso em que ela é exata e discuta o comportamento destas soluções.

18. Mostre que a equação diferencial $\cos(y)y' + 2x\,\text{sen}(y) = -2x$ se transforma numa equação linear com a mudança de variável $z = \text{sen}(y)$.

19. Seja P uma certa população cuja taxa de crescimento em relação ao tempo satisfaz a equação diferencial $\frac{dy}{dt} = \frac{[0{,}5+\text{sen}(t)]}{5}y$; se $y(0) = 1$. Determine o tempo após o qual a população duplicará.

20. Resolva a equação: $y' + y = (xy)^2$.

21. Ache a solução da equação $xy' - \text{sen}(x)y = 0$, $x > 0$ que passa pelo ponto $(1,-1)$.

22. *Equação de Riccati.* é toda equação diferencial do tipo:
$$y' + a_2(x)y^2 + a_1(x)y + a_0(x) = 0,$$
onde $a_2(x), a_1(x)$ e $a_0(x)$ são funções contínuas definidas num intervalo $I \subset \mathbb{R}$ com $a_2(x) \neq 0, \forall x \in I$. Se $y_1(x)$ for uma solução desta equação.

Mostre que a mudança de variável $y = y_1 + \frac{1}{u}$, transforma esta equação numa equação linear de 1ª ordem.

23. Ache a curva integral da equação

$$xy' + y = e^{-\frac{x^2}{2}},$$

que passa pelo ponto $(2, -3)$.

24. Mostre que a mudança de variável $v = \frac{y'}{y}$ transforma a equação

$$y'' + a_1(x)y' + a_0 y = 0$$

na equação de Riccati $v' + v^2 + a_1(x)v + a_0(x) = 0$.

25. *Crescimento Populacional.* Uma determinada população tem crescimento proporcional à quantidade de indivíduos presentes. Se num instante $t = 0$ a população é de y_0 indivíduos; ache o modelo matemático que representa esta população t anos depois.

26. Uma colônia de bactérias cresce a uma taxa proporcional a população presente. Sabendo-se que o número de indivíduos desta população dobra após uma hora; ache o tempo necessário para que a população triplique.

2

Equações Diferenciais Lineares de Segunda Ordem

2.1 Equação linear de ordem n

Uma equação diferencial linear de ordem n, definida num intervalo $I \subset \mathbb{R}$ é uma equação do tipo:

$$a_n(x)y^{(n)} + a_{n-1}(x)y^{(n-1)} + \cdots + a_1(x)y + a_0(x)y = h(x),$$

onde as funções $a_n, \ldots, a_0, h$ estão definidas e são contínuas no intervalo I e a função $a_n(x)$ não é identicamente nula em I; isto é, existe pelo menos um $x \in I$ com $a_n(x) \neq 0$. Quando $n = 2$ a equação é uma equação linear de 2ª ordem.

Exemplo 2.1 A equação $x^3y'' + 2xy' + 3y = x^2 + 3$ é uma equação diferencial linear de 2ª ordem em $\mathbb{R}$.

Exemplo 2.2 A equação $y'' + y = 0$ é uma equação diferencial linear de 2ª ordem em $\mathbb{R}$.

Observações.

1. Se a função $h(x) = 0$ em $I \subset \mathbb{R}$, a equação diferencial linear é chamada de equação homogênea

2. Se a função $a_n(x) \neq 0$ para todo $x \in I$, a equação diferencial linear pode ser posta sob a forma:

$$y^{(n)} + b_{n-1}(x)y^{(n-1)} + \cdots + b_1(x)y' + b_0(x)y = q(x),$$

onde $b_j(x) = \frac{a_j(x)}{a_n(x)}$ e $q(x) = \frac{h(x)}{a_n(x)}$. E neste caso diz-se que a equação estar sob a *forma normal* ou *normalizada*.

2.2 Equação linear homogênea de ordem n e o espaço das soluções

Teorema 2.3 *O conjunto das soluções de uma equação diferencial linear homogênea normal de ordem n é um espaço vetorial real de dimensão n.*

DEMONSTRAÇÃO: Seja V = conjunto de todas as soluções da equação $y^{(n)}+a_{n-1}y^{(n-1)}+\cdots+a_1y'+a_0y = 0$ mostraremos que V é um subespaço vetorial de $C^n(\mathbb{R})$ = Espaço vetorial das funções reais definidas no intervalo I, deriváveis até a ordem n. Para tanto é suficiente mostrar que se:

1. $y_1(x)$ e $y_2(x)$ pertencem a V, então $y_1(x) + y_2(x)$ também pertence a V.

2. Se $y(x)$ pertence a V e $\alpha \in \mathbb{R}$ então $\alpha y(x)$ também pertence a V.

Sejam $y_1(x)$ e $y_2(x)$ soluções da equação homogênea. Sabe-se que

$$[y_1(x) + y_2(x)]' = y_1'(x) + y_2'(x);$$

e para $j \in \mathbb{N}$, $1 \leq j \leq n$, vale que

$$[y_1(x) + y_2(x)]^{(j)} = y_1^{(j)}(x) + y_2^{(j)}(x)$$

e que

$$[\alpha y(x)]^{(j)} = \alpha y^{(j)}(x), \quad 1 \leq j \leq n.$$

Daí segue que:

$$
\begin{aligned}
&[y_1(x) + y_2(x)]^{(n)} + a_{(n-1)}(x)[y_1(x) + y_2(x)]^{(n-1)} + \cdots \\
&\qquad \cdots + a_1(x)[y_1(x) + y_2(x)]' + a_0(x)\,[y_1(x) + y_2(x)] \\
&= y_1^{(n)}(x) + a_{(n-1)}(x)y_1^{n-1}(x) + \cdots + a_1(x)y_1'(x) + a_0(x)y_1(x) + y_2^{(n)}(x) \\
&\qquad + a_{(n-1)}(x)y_2^{(n-1)}(x) + \cdots + a_1(x)y_2'(x) + a_0(x)y_2(x).
\end{aligned}
$$

Visto que $y_1(x)$ e $y_2(x)$ são soluções da equação homogênea vem que

$$
\begin{aligned}
y_1^{(n)}(x) + a_{(n-1)}(x)y_1^{(n-1)}(x) + \cdots + a_1(x)y_1'(x) + a_0(x)y_1(x) = 0, \\
y_2^{(n)}(x) + a_{(n-1)}(x)y_2^{(n-1)}(x) + \cdots + a_1(x)y_2'(x) + a_0(x)y_2(x) = 0.
\end{aligned}
$$

Daí segue que $y_1(x) + y_2(x)$ é solução da equação. Se $y(x)$ for uma solução da equação homogênea e $\alpha \in \mathbb{R}$, então:

$$
\begin{aligned}
&\alpha y^{(n)}(x) + a_{(n-1)}(x)\alpha y^{(n-1)}(x) + \cdots + a_1(x)\alpha y'(x) + a_0(x)\alpha y(x) \\
&= \alpha\left[y^{(n)}(x) + a_{n-1}y^{(n-1)}(x) + \cdots + a_1 y'(x) + a_0 y(x)\right] = \alpha \cdot 0 = 0,
\end{aligned}
$$

logo $\alpha y(x)$ também é solução da equação homogênea. Onde se conclui que o conjunto V é um subespaço vetorial do espaço vetorial $C^{(n)}(I)$.

Mostraremos que $\dim(V) = n$; para tanto necessitamos de alguns resultados que obteremos à seguir:

Lema 2.4 (Generalização do teorema de Picard para sistema de equações diferenciais de 1ª ordem) *Considere o sistema:*

$$
\begin{cases}
\dfrac{dy_1}{dx} = f_1(x, y_1, y_2, \ldots, y_n), \\
\dfrac{dy_2}{dx} = f_2(x, y_1, y_2, \ldots, y_n), \\
\cdots\cdots\cdots\cdots\cdots\cdots\cdots\cdots, \\
\dfrac{dy_n}{dx} = f_n(x, y_1, y_2, \ldots, y_n),
\end{cases}
\tag{2.2.1}
$$

onde as funções $f_1, f_2, \ldots, f_n$ estão definidas num conjunto simplesmente conexo $\mathcal{D} \subset \mathbb{R}^{n+1}$ e são contínuas com derivadas parciais $\frac{\partial f_i}{\partial y_k}$ contínuas para $1 \leq j \leq n$ e $1 \leq k \leq n$. Seja $(x_0, y_1^0, y_2^0, \ldots, y_n^0)$ um ponto fixado em $\mathcal{D}$. Faça $f = (f_1, f_2, \ldots, f_n)$ e $Y = (y_1, y_2, \ldots, y_n)$ e seja

$\frac{\partial f}{\partial Y} = (\frac{\partial f_i}{\partial Y_j})_{n\times n}$. *O sistema de equações diferenciais acima toma a forma:* $\frac{dY}{dx} = f(x, Y)$ *e a condição inicial* $(x_0, y_1^0, y_2^0, \ldots, y_n^0)$ *se transforma em* (x_0, y_0). *Portanto o problema de valor inicial para o sistema de equações diferenciais se transforma no problema de valor inicial:*

$$\begin{cases} \dfrac{dY}{dx} = f(x, Y), \\ Y(x_0) = y_0, \end{cases}$$

que satisfaz as condições do teorema de Picard; Portanto o problema de valor inicial acima tem solução única.

Lema 2.5 *Considere a equação*

$$y^{(n)} + a_{n-1}y^{(n-1)} + \cdots + a_1 y' + a_0 y = 0. \tag{2.2.2}$$

Fazendo:

$$y = z_1, y' = \frac{dz_1}{dx}, \ldots, y^j = \frac{dz_j}{dx} = z_{j+1} \quad \text{para} \quad 1 \leq j \leq n-1,$$

transformamos a equação (2.2.2) *no sistema de equações diferenciais ordinárias de 1ª ordem:*

$$\begin{cases} \dfrac{dz_1}{dx} = z_2, \\ \dfrac{dz_2}{dx} = z_3, \\ \ldots\ldots\ldots\ldots\ldots\ldots\ldots\ldots\ldots\ldots, \\ \dfrac{dz_n}{dx} = -a_{n-1}(x)z_n - \cdots - a_0(x)z_1. \end{cases} \tag{2.2.3}$$

Observe que $y(x)$ *é solução do problema de valor inicial* $y(x_0) = y_0, \ldots, y^{(n-1)}(x_0) = y_{n-1}$ *se, e somente se,* $z(x) = (z_1(x), \ldots, z_n(x))$ *for solução do problema de valor inicial:* $z_1(x_0) = y_0, z_2(x_0) = y_1, \ldots, z_n(x_0) = y_{n-1}$ *para o sistema* (2.2.3). *Como o sistema* (2.2.3) *é do mesmo tipo do sistema* (2.2.1), *segue que o problema de valor inicial para a equação homogênea de ordem* n *tem solução única.*

Lema 2.6 *Sejam* $y_1(x), \ldots, y_n(x)$ *soluções da equação*

$$y^{(n)} + a_{n-1}(x)y^{(n-1)} + \cdots + a_0(x)y = 0,$$

satisfazendo as seguintes condições:

$$\begin{cases} y_1(x_0) = 1, y_1'(x_0) = 0, \ldots, y_1^{(n)}(x_0) = 0, \\ y_2(x_0) = 0, y_2'(x_0) = 1, \ldots, y_2^{(n)}(x_0) = 0, \\ \ldots\ldots\ldots\ldots\ldots\ldots\ldots\ldots\ldots\ldots\ldots\ldots, \\ y_n(x_0) = 0, y_n'(x_0) = 0, \ldots, y_n^{(n-1)}(x_0) = 1. \end{cases}$$

Então $y_1(x), \ldots, y_n(x)$ *são soluções linearmente independentes da equação satisfazendo as condições acima.*

De fato, sejam $c_1, \ldots, c_n$ constantes reais tais que:

$$c_1y_1(x) + \cdots + c_ny_n(x) = 0.$$

Devemos mostrar que $c_1 = \cdots = c_n = 0$. Derivando-se a expressão acima $(n-1)$-vezes obtêm-se o sistema de equações lineares nas incógnitas $c_1, \ldots, c_n$ à seguir:

$$\begin{cases} c_1y_1(x) + \cdots + c_ny_n(x) = 0, \\ c_1y_1'(x) + \cdots + c_ny_n'(x) = 0, \\ \ldots\ldots\ldots\ldots\ldots\ldots\ldots\ldots\ldots\ldots\ldots, \\ c_1y_1^{(n-1)}(x) + \cdots + c_ny_n^{(n-1)}(x) = 0, \end{cases} \tag{2.2.4}$$

cuja determinante principal é:

$$\begin{vmatrix} y_1(x) & y_2(x) & \cdots & y_n(x) \\ y_1'(x) & y_2'(x) & \cdots & y_n'(x) \\ \vdots & \vdots & \ddots & \vdots \\ y_1^{(n-1)}(x) & y_2^{(n-1)}(x) & \cdots & y_n^{(n-1)}(x) \end{vmatrix} = \Delta_p(x).$$

Observe que $\Delta_p(x_0) = 1$ e que $\Delta_p(x)$ é uma função contínua de x, então existe um intervalo aberto I contendo o ponto x_0 tal que

$$\Delta_p(x) \neq 0, \quad \forall x \in I.$$

Conclui-se daí que a única solução do sistema (2.2.4) é:

$$c_1 = 0, c_2 = 0, \ldots, c_n = 0,$$

e portanto as soluções $y_1(x), \ldots, y_n(x)$ são Linearmente independentes.

Passemos agora a prova de que $\dim V = n$. Seja $y(x)$ uma solução da equação $y^{(n)} + a_{n-1}y^{(n-1)} + \cdots + a_1 y' + a_0 y = 0$ se $y(x_0) = a_1, y'(x_0) = a_2, \ldots, y^{(n-1)}(x_0) = a_n$ então:

$$y(x) = a_1 y_1(x) + \cdots + a_n y_n(x),$$

e portanto as soluções $y_1(x), \ldots, y_n(x)$ são linearmente independentes e geram o espaço V, logo $\dim V = n$. □

Observação importante. O teorema de Existência e Unicidade de solução para a equação diferencial $a_n(x)y^{(n)} + \cdots + a_1(x)y' + a_0(x)y = 0$ não é válido se $a_n(x)$ se anular no ponto x_0. De fato, a equação $xy' + y = 0$ tem seu espaço de solução de dimensão igual a 1(um) nos intervalos $(0, \infty)$ e $(-\infty, 0)$; entretanto tem dimensão zero em todo intervalo do tipo $(-a, a); a \in \mathbb{R}, a > 0$.

Teorema 2.7 (Fórmula de Abel) *Sejam* $y_1(x), \ldots, y_n(x)$ *soluções da equação* $y^n + a_{(n-1)}(x)y^{(n-1)} + \cdots + a_1(x)y' + a_0 y = 0$ *e seja* $W[y_1(x), \ldots, y_n(x)] = \Delta_p(x)$ *chamado de determinante Wronskiano das soluções* $y_1(x), \ldots, y_n(x)$. *Então*

$$W[y_1(x), \ldots, y_n(x)] = ce^{-\int a_n(x)\,dx},$$

para $c \in \mathbb{R}$.

DEMONSTRAÇÃO: Demonstraremos a fórmula de Abel para o caso particular em que $n = 2$. Sejam $y_1(x)$ e $y_2(x)$ soluções da equação $y'' + a_1(x)y' + a_0(x)y = 0$ então:

$$\frac{d}{dx}W[y_1(x), y_2(x)] = y_1(x)y''_2(x) - y''_1(x)y_2(x)$$

$$= y_1(x)\left[-a_1(x)y_2'(x) - a_0(x)y_2(x)\right] \\ - y_2(x)\left[-a_1(x)y_1'(x) - a_0(x)y_1(x)\right].$$

Daí segue que $W[y_1(x), y_2(x)] = ce^{-\int a_n(x)\,dx}$. □

2.3 Equações diferenciais lineares de segunda ordem

As equações diferenciais ordinárias, em particular, as equações diferenciais lineares de 2ª ordem nasceram juntas com a mecânica e desempenham um papel importante na abordagem dos problemas ligados a esta matéria; em particular em problemas como a dinâmica da partícula e oscilador harmônico.

Inicialmente fixaremos a nossa atenção nas equações diferenciais lineares de 2ª ordem com coeficientes constantes; isto é: As equações do tipo $a_2y'' + a_1y' + a_0y = h(x)$, onde $h(x)$ é uma função contínua e a_2, a_1, a_0 são constantes como $a_2 \neq 0$, esta equação pode ser posta sob a forma: $y'' + py' + qy = f(x)$.

2.4 Solução de uma equação linear homogênea de segunda ordem

Polinômio característico. Associado a equação diferencial

$$y'' + py' + qy = 0,$$

tem-se o polinômio

$$p(t) = t^2 + pt + q,$$

chamado de *polinômio característico* da equação.

Proposição 2.8 *Seja $p(t)$ o polinômio característico da equação*

$$y'' + py' + qy = 0.$$

Então tem-se:

(i) Se $\alpha \in \mathbb{R}$ *for uma raiz de* $p(t)$, *a função* $y(x) = e^{\alpha x}$ *é solução da equação diferencial.*

(ii) Se $\alpha = a + ib$ *for uma raiz complexa de* $p(t)$ *então as funções* $y_1(x) = e^{ax}\cos(bx)$ *e* $y_2(x) = e^{ax}\operatorname{sen}(bx)$ *são soluções L.I. da equação.*

(iii) Se $\alpha_1 \neq \alpha_2$ *forem raízes reais de* $p(t)$, *as soluções* $y_1(x) = e^{\alpha_1 x}$ *e* $y_2(x) = e^{\alpha_2 x}$ *são linearmente independentes.*

DEMONSTRAÇÃO: *(i)* Seja $y(x) = e^{\alpha x}$, $x \in I$, então $y'(x) = \alpha e^{\alpha x}$ e $y''(x) = \alpha^2 e^{\alpha x}$. Substituindo-se $y(x), y'(x)$ e $y''(x)$ na equação vem: $\alpha^2 e^{\alpha x} + p\alpha e^{\alpha x} + q e^{\alpha x} = e^{\alpha x}[\alpha^2 + p\alpha + q] = 0$, pois α é raiz de $p(t)$, portanto $y(x) = e^{\alpha x}$ é uma solução da equação

$$y'' + py' + qy = 0.$$

(ii) Considere a função complexa de variável real $y(x) = e^{\alpha x}$, onde $\alpha = a + ib$. Observa-se que $y(x)$ satisfaz formalmente a equação diferencial $y''+py'+qy = 0$ mas $y(x) = e^{(a+ib)x} = e^{ax}e^{ibx} = e^{ax}[\cos(bx)+ i\operatorname{sen}(bx)] = e^{ax}\cos(bx) + ie^{ax}\operatorname{sen}(bx)$ Por outro lado, sendo $\alpha = a + ib$ raiz complexa de $p(t)$ então $\overline{\alpha} = a - ib$ também é raiz de $p(t)$ consequentemente a função $\overline{y}(x) = e^{\overline{\alpha}x} = e^{a}\cos(bx) - ie^{ax}\operatorname{sen}(bx)$ também satisfaz formalmente a equação diferencial $y''+py'+qy = 0$ mas o conjunto das soluções desta equação é um espaço vetorial, portanto $y(x) \pm \overline{y}(x)$ também satisfazem a equação diferencial, como

$$y(x) + \overline{y}(x) = 2e^{ax}\cos(bx),$$
$$y(x) - \overline{y}(x) = 2ie^{ax}\operatorname{sen}(bx).$$

Pode-se concluir que as funções $y_1(x) = e^{ax}\cos(bx)$ e $y_2(x) = e^{ax}\operatorname{sen}(bx)$ são soluções da equação. □

Independência linear da soluções $y_1(x) = e^{ax}\cos(bx)$ e $y_2(x) = e^{ax}\operatorname{sen}(bx)$. Considere a combinação linear

$$c_1 y_1(x) + c_2 y_2(x) = 0. \tag{2.4.1}$$

Derivando a equação acima em relação a variável x, vem:

$$c_1y_1'(x) + c_2y_2'(x) = 0. \tag{2.4.2}$$

Com as equações (2.4.1) e (2.4.2) formamos o sistema:

$$\begin{cases} c_1y_1(x) + c_2y_2(x) = 0, \\ c_1y_1'(x) + c_2y_2'(x) = 0, \end{cases}$$

cujo determinante principal é:

$$W(x) = \begin{vmatrix} y_1(x) & y_2(x) \\ y_1'(x) & y_2'(x) \end{vmatrix} = y_1(x)y_2'(x) - y_2(x)y_1'(x).$$

Logo,

$$\begin{aligned} W(x) = e^{ax}\cos(bx)\left[ae^{ax}\,\mathrm{sen}(bx) + be^{ax}\cos(bx)\right] \\ - e^{ax}\,\mathrm{sen}(bx)\left[ae^{ax}\cos(bx) - be^{ax}\mathrm{sen}(bx)\right] \\ = 2be^{2ax}\left[\cos^2(x) + \mathrm{sen}^2(x)\right] = 2be^{2ax} \neq 0, \quad \forall x \in I, \end{aligned}$$

então

$$c_1 = c_2 = 0,$$

portanto $y_1(x)$ e $y_2(x)$ são soluções linearmente independentes.

Demonstração do item (iii) da Proposição 2.8. Sejam α_1 e α_2 raízes reais distintas do polinômio característico $p(t)$ e sejam

$$y_1(x) = e^{\alpha_1 x} \quad \text{e} \quad y_2(x) = e^{\alpha_2 x}$$

soluções da equação diferencial obtidas à partir das raízes α_1 e α_2. Considere a combinação linear nula $c_1y_1(x) + c_2y_2(x) = 0$. Derivando esta equação em relação a xm vem:

$$c_1y_1'(x) + c_2y_2'(x) = 0,$$

ou, equivalentemente o sistema,

$$\begin{cases} c_1e^{\alpha_1 x} + c_2e^{\alpha_2 x} = 0, \\ c_1\alpha_1e^{\alpha_1 x} + c_2\alpha_2e^{\alpha_2 x} = 0. \end{cases} \tag{2.4.3}$$

Para cada $x \in I$ fixado tem-se o sistema de equações lineares nas incógnitas c_1 e c_2 cujo determinante principal é:

$$W(x) = \begin{vmatrix} e^{\alpha_1 x} & e^{\alpha_2 x} \\ \alpha_1 e^{\alpha_1 x} & \alpha_2 e^{\alpha_2 x} \end{vmatrix} = e^{\alpha_1 x} e^{\alpha_2 x} (\alpha_1 - \alpha_2)$$

Daí segue que $W(x) \neq 0$, $\forall x \in \mathbb{R}$, o sistema (2.4.3) tem uma única solução $c_1 = 0$ e $c_2 = 0$ e portanto as soluções $y_1(x)$ e $y_2(x)$ são linearmente independentes.

Proposição 2.9 *Se $\alpha \in \mathbb{R}$ é uma raiz do polinômio característico $p(t)$, com multiplicidade dois, então $y_1(x) = e^{\alpha x}$ e $y_2(x) = xe^{\alpha x}$ são soluções da equação diferencial $y'' + py' + qy = 0$ linearmente independentes.*

DEMONSTRAÇÃO: Mostraremos que $y_2(x) = xe^{\alpha x}$ é solução, pois já sabemos que $y_1(x) = e^{\alpha x}$ é solução desta equação. Visto que $\alpha \in \mathbb{R}$ é raiz múltipla do polinômio $p(t) = t^2 + pt + q$, então $p(t) = (t - \alpha)^2 = t^2 - 2\alpha t + \alpha^2$, portanto tem-se $p = -2\alpha$ e $q = \alpha^2$, consequentemente a equação diferencial pode ser reescrita sob a forma:

$$y'' - 2\alpha y' + \alpha^2 y = 0$$

Fazendo a substituição $y_2(x) = xe^{\alpha x}$, vem:

$$y_2'(x) = e^{\alpha x} + \alpha x e^{\alpha x},$$
$$y_2''(x) = 2\alpha e^{\alpha x} + \alpha^2 x e^{\alpha x}.$$

Logo,

$$\left(2\alpha e^{\alpha x} + \alpha^2 x e^{\alpha x}\right) - 2\alpha\left(e^{\alpha x} + \alpha x e^{\alpha x}\right) + \alpha^2 x e^{\alpha x}$$
$$= 2\alpha e^{\alpha x} + \alpha^2 x e^{\alpha x} - 2\alpha e^{\alpha x} - 2\alpha^2 x e^{\alpha x} + \alpha^2 x e^{\alpha x} = 0.$$

Daí se conclui que a função $y_2(x) = xe^{\alpha x}$ é solução da equação $y'' + py' + qy = 0$. □

Independência linear das soluções $y_1(x) = e^{\alpha x}$ e $y_2(x) = xe^{\alpha x}$. Considere uma combinação linear nula das funções

$$y_1(x) = e^{\alpha x} \quad \text{e} \quad y_2(x) = xe^{\alpha x},$$

isto é,

$$c_1 e^{\alpha x} + c_2 x e^{\alpha x} = 0.$$

Derivando a equação acima em relação a x, vem:

$$c_1 \alpha e^{\alpha x} + c_2 e^{\alpha x} + c_2 \alpha x e^{\alpha x} = 0,$$

ou ainda:

$$c_1 \alpha e^{\alpha x} + c_2(e^{\alpha x} + \alpha x e^{\alpha x}) = 0.$$

Para cada x fixado tem-se o sistema de equações lineares:

$$\begin{cases} c_1 e^{\alpha x} + c_2 x e^{\alpha x} = 0, \\ c_1 \alpha e^{\alpha x} + c_2(e^{\alpha x} + \alpha x e^{\alpha x}) = 0, \end{cases}$$

cujo determinante principal é:

$$W(x) = \begin{vmatrix} e^{\alpha x} & xe^{\alpha x} \\ \alpha e^{\alpha x} & e^{\alpha x} + \alpha x e^{\alpha x} \end{vmatrix}$$
$$= e^{2\alpha x} + \alpha x e^{\alpha x} - \alpha x e^{\alpha x} = e^{2\alpha x} \neq 0, \quad \forall \in \mathbb{R}.$$

Consequentemente, o sistema acima tem uma única solução:

$$c_1 = 0 \quad \text{e} \quad c_2 = 0,$$

e portanto as soluções $y_1(x)$ e $y_2(x)$ são linearmente independentes.

Conclusão. A solução geral da equação diferencial linear de 2ª ordem com coeficientes constantes toma uma forma das três formas seguintes:

I. Se $\alpha \in \mathbb{R}$ for uma raiz múltipla do polinômio característico da equação então a solução geral é:

$$y_H(x) = c_1 e^{\alpha x} + c_2 x e^{\alpha x},$$

onde c_1 e c_2 são constantes reais arbitrárias.

II. Se α_1 e α_2 forem raízes reais distintas de $p(t)$, a solução geral da equação é:

$$y_H(x) = c_1 e^{\alpha_1 x} + c_2 e^{\alpha_2 x},$$

onde c_1 e c_2 são constantes reais arbitrárias.

III. Se $\alpha = a + bi$ for uma raiz complexa de $p(t)$ então:

$$y_H(x) = c_1 \cos(bx) + c_2 \operatorname{sen}(bx),$$

onde c_1 e c_2 são constantes reais arbitrárias.

Exemplo 2.10 Achar a solução geral da equação $y'' - 2y' + y = 0$.

SOLUÇÃO: O polinômio característico da equação é $p(t) = t^2 - 2t + 1 \equiv (t-1)^2$, cuja raiz com multiplicidade igual a dois é $t_0 = 1$; portanto as soluções geradas por esta raiz são: $y_1(x) = e^x$ e $y_2(x) = xe^x$ e consequentemente a solução geral da equação é: $y_H = c_1 e^x + c_2 x e^x$. □

Exemplo 2.11 Achar a solução geral da equação $y'' + y' - 6y = 0$.

SOLUÇÃO: O polinômio característico da equação é $p(t) = t^2 + t - 6$, fatorando-se tem-se $p(t) = (t-2)(t+3)$ e assim as raízes de $p(t) = 0$ são $\alpha_1 = 2$ e $\alpha_2 = -3$; portanto as soluções geradas por estas raízes são: $y_1(x)e^{2x}$ e $y_2(x) = e^{-3x}$ e consequentemente, a solução geral da equação é: $y_H(x) = c_1 e^{2x} + c_2 e^{-3x}$. □

Exemplo 2.12 Achar a solução geral da equação $y'' + y = 0$.

SOLUÇÃO: O polinômio característico da equação é $p(t) = t^2 + 1$ cujas raízes complexas são $\alpha_1 = i$ e $\alpha_2 = -i$; portanto as soluções geradas por estas raízes são $y_1(x) = \cos(x)$ e $y_2(x) = \operatorname{sen}(x)$ e consequentemente, a solução geral da equação é: $y_H(x) = c_1 \cos(x) + c_2 \operatorname{sen}(x)$. □

2.5 Solução particular de uma equação linear não homogênea

Resolução da equação diferencial não homogênea:

$$y'' + py' + qy = h(x),$$

onde $h(x)$ é uma função real contínua, definida num intervalo aberto $I \subset \mathbb{R}$.

Observação. O conjunto das soluções de uma equação diferencial não homogênea não é um espaço vetorial; entretanto se $y(x)$ for uma solução qualquer da equação e $y_P(x)$ for uma solução particular desta equação, então a diferença $y(x) - y_P(x)$ é uma solução da equação "homogênea associada" $y'' + py' + qy = 0$.

Portanto a solução geral da equação não homogênea $y'' + py' + qy = h(x)$ é da forma: $y_G(x) = y_H(x) + y_P(x)$, onde $y_H(x)$ é a solução geral da equação homogênea associada e $y_P(x)$ é uma solução particular da equação.

2.6 Métodos para obtenção de uma solução particular da equação não homogênea

2.6.1 Método da variação dos parâmetros

Dada uma equação diferencial não homogênea $y'' + py' + qy = h(x)$, se $y_1(x)$ e $y_2(x)$ forem uma base para o espaço das soluções da equação homogênea associada $y'' + py' + qy = 0$. O *método da variação dos parâmetros* consiste na determinação de uma solução particular da forma $y_P(x) = c_1(x)y_1(x) + c_2(x)y_2(x)$, onde $c_1(x)$ e $c_2(x)$ são funções a serem determinadas. Para simplificar a notação, omitiremos a variável x nos cálculos seguintes:

$$y_P = c_1y_1 + c_2y_2,$$

$$
\begin{aligned}
y_P' &= c_1' y_1 + c_1 y_1' + c_2' y_2 + c_2 y_2',\\
y_P'' &= c_1'' y_1 + 2c_1' y_1' + c_1 y_1'' + c_2'' y_2 + 2c_2' y_2' + c_2 y_2''.
\end{aligned}
$$

Substituindo-se estas expressões ma equação diferencial $y'' + py' + qy = h(x)$ e agrupando-se convenientemente os termos obtêm-se:

$$
\begin{aligned}
&c_1 \left(y''_1 + py'_1 + qy_1\right) + c_2 \left(y''_2 + py'_2 + qy_2\right)\\
&\quad + \left(c' y_1 + c_2 y'_2\right)' + p[c'_1 y_1 + c'_2 y_2] + \left(c'_1 y'_1 + c'_2 y'_2\right) = h(x).
\end{aligned}
$$

Visto que y_1 e y_2 são soluções da equação homogênea $y'' + py' + qy = 0$, vem que, a expressão acima se transforma na:

$$
\left(c'_1 y_1 + c'_2 y_2\right)' + p\left(c'_1 y_1 + c'_2 y_2\right) + \left(c'_1 y'_1 + c'_2 y'_2\right) = h(x),
$$

ou, equivalentemente:

$$
\begin{cases}
c'_1(x) y_1(x) + c'_2(x) y_2(x) = 0,\\
c'_1(x) y'_1(x) + c'_2(x) y'_2(x) = h(x).
\end{cases}
$$

Fixando-se a variável x tem-se, para x fixado, um sistema de equações lineares nas incógnitas c'_1, c'_2 cujo o determinante principal é:

$$
W(x) = \begin{vmatrix} y_1(x) & y_2(x) \\ y'_1(x) & y'_2(x) \end{vmatrix},
$$

que é o determinante Wronskiano das soluções $y_1(x)$ e $y_2(x)$.

Sabe-se que $W(x) \neq 0$, para todo $x \in I$ e portanto o sistema de equações lineares tem solução dado por:

$$
c'_1(x) = -\frac{h(x) y_2(x)}{W(x)} \quad \text{e} \quad c'_2(x) = \frac{h(x) y_1(x)}{W(x)}.
$$

Integrando-se as relações acima vem:

$$
c_1(x) = -\int_{x_0}^{x} \frac{h(t) y_2(t)}{W(t)}\, dt \quad \text{e} \quad c_2(x) = \int_{x_0}^{x} \frac{h(t) y_1(t)}{W(t)}\, dt.
$$

Daí segue que a solução particular procurada é:

$$
y_P(x) = \int_{x_0}^{x} \frac{[y_2(x) y_1(t) - y_1(x) y_2(t)]}{W(t)} h(t)\, dt.
$$

Exemplo 2.13 Achar a solução geral da equação

$$y'' + y = tg(x), \quad -\pi/2 < x < \pi/2.$$

SOLUÇÃO: Sabe-se que a solução geral da equação homogênea associada $y'' + y = 0$ é:

$$y_H(x) = c_1 \cos(x) + c_2 \operatorname{sen}(x).$$

Aqui, $y_1(x) = \cos(x)$ e $y_2(x) = \operatorname{sen}(x)$ e portanto

$$W(x) = \begin{vmatrix} \cos(x) & \operatorname{sen}(x) \\ -\operatorname{sen}(x) & \cos(x) \end{vmatrix} = \cos^2(x) + \operatorname{sen}^2(x) \equiv 1$$

Consequentemente:

$$\begin{aligned}
y_P(x) &= \int_0^x [\operatorname{sen}(x)\cos(t) - \cos(x)\operatorname{sen}(t)]\operatorname{tg}(t)\,dt \\
&= \operatorname{sen}(x)\int_0^x \operatorname{sen}(t)\,dt - \cos(x)\int_0^x \frac{\operatorname{sen}^2(t)}{\cos(t)}\,dt \\
&= -\operatorname{sen}(x)[\cos(x) - 1] - \cos(x)\int_0^x [\sec(t) - \cos(t)]\,dt \\
&= -\operatorname{sen}(x)\cos(x) + \operatorname{sen}(x) - \cos(x)\int_0^x \sec(t)\,dt \\
&\qquad + \cos(x)\int_0^x \cos(t)\,dt \\
&= -\operatorname{sen}(x)\cos(x) + \operatorname{sen}(x) - \cos(x)\log|\sec(x) + \operatorname{tg}(x)| \\
&\qquad + \cos(x)\operatorname{sen}(x) \\
&= \operatorname{sen}(x) - \cos(x)\log|\sec(x) + \operatorname{tg}(x)|.
\end{aligned}$$

Portanto:

$$y_P(x) = \operatorname{sen}(x) - \cos(x)\log|\sec(x) + \operatorname{tg}(x)\,||,$$

e a solução geral da equação é:

$$y_G(x) = c_1\cos(x) + c_2\operatorname{sen}(x) + \operatorname{sen}(x) - \cos(x)\log|\sec(x) + \operatorname{tg}(x)|.$$

□

Exemplo 2.14 Achar a solução geral da equação

$$y'' - 5y' + 6y = e^x.$$

SOLUÇÃO: O polinômio característico da equação homogênea associada é $p(t) = t^2 - 5t + 6$ cujas raízes são $\alpha_1 = 2$ e $\alpha_2 = 3$. Portanto as soluções geradas pelas raízes de $p(t)$ são:

$$y_1(x) = e^{2x} \quad \text{e} \quad y_2(x) = e^{3x},$$

consequentemente, a solução geral da equação homogênea é

$$y_H(x) = c_1 e^{2x} + c_2 e^{3x}.$$

Um cálculo simples mostra que o determinante Wronskiano destas soluções é:

$$W(x) = e^{5x},$$

e portanto a solução particular é:

$$y_P(x) = e^{3x} \int_0^x e^{-2t}\, dt - e^{2x} \int_0^x e^{-t}\, dt = \frac{e^{3x}}{2} + \frac{e^x}{2} - e^{2x}.$$

Mas e^{2x} e e^{3x} são soluções da equação homogênea

$$y_P(x) = \frac{e^x}{2},$$

logo:

$$y_G(x) = \frac{e^x}{2} + c_1 e^{2x} + c_2 e^{3x}$$

□

2.6.2 O método dos coeficientes à determinar

O método da variação dos parâmetros, exposto na seção anterior permite encontrar uma solução particular da equação não homogênea sempre que se conheça a solução geral da equação homogênea associada; entretanto este método nem sempre é o mais recomendado para obter tal solução. O *método dos coeficientes à determinar*, para certas equações diferenciais, é tão eficiente quanto o método anterior e com a vantagem de ser mais simples em sua execução.

Observações.

1. O método dos coeficientes à determinar, que exporemos à seguir, só se aplica a equações diferenciais lineares com coeficientes constantes e ainda para certos tipos de função $h(x)$. Por outro lado, o fato de não envolver integração torna o método de fácil manipulação.

2. As funções $h(x)$ para as quais a aplicação do método é indicada são aquelas onde as derivadas $h'(x)$ e $h''(x)$ têm a forma da função $h(x)$.

3. Tipos de função onde o método é indicado e a forma da solução particular procurada.

   (a) Se $h(x) = a_n x^n + \cdots + a_1 x + a_0$, existe uma solução particular da equação do tipo

   $$y_p(x) = b_m x^m + \cdots + b_1 x + b_0,$$

   para algum $m \in \mathbb{N}$ e $b_m, \ldots, b_1, b_0$ à serem determinados.

   (b) Se $h(x) = e^{\alpha x}$, $\alpha \in \mathbb{R}$, existe uma solução particular da equação do tipo

   $$y_p(x) = be^{\alpha x},$$

   onde b é uma constante real à ser determinada.

   (c) Se $h(x) = \operatorname{sen}(\alpha x)$ ou $h(x) = \cos(\alpha x)$, existe uma solução da equação do tipo

   $$y_p(x) = b_1 \cos(\alpha x) + b_2 \operatorname{sen}(\alpha x),$$

   onde b_1 e b_2 são constantes reais à serem determinadas.

   (d) Se $h(x) = (a_n x^n + \cdots + a_1 x + a_0)e^{\alpha x} \operatorname{sen}(\beta x)$, existe uma solução particular da equação do tipo

   $$y_p(x) = (b_m x^m + \cdots + b_1 x + b_0)e^{\alpha x} \operatorname{sen}(\beta x).$$

(e) Se $h(x) = (a_n x^n + \cdots + a_1 x + a_0)e^{\alpha x}\cos(\beta x)$, existe uma solução particular da equação do tipo

$$y_p(x) = (b_m x^m + \ldots + b_1 x + b_0)\, e^{\alpha x}\cos(\beta x),$$

onde $b_m, \ldots, b_0$ são constantes reais à ser determinadas.

Exemplo 2.15 Achar uma solução particular da equação

$$y'' + y = 3x^2 + 4.$$

Solução: Existe uma solução particular $y_p(x)$ da equação acima da forma: $y_p(x) = b_2 x^2 + b_1 x + b_0$. Substituindo-se $y_p(x)$ na equação $y'' + y = 3x^2 + 4$ vem:

$$y_p'(x) = 2b_2 x + b_1,$$
$$y_p''(x) = 2b_2.$$

Daí tem-se

$$2b_2 + b_1 x + b_2 x^2 + b_0 = 3x^2 + 4,$$

logo, segue que:

$$b_2 = 3, \quad b_1 = 0, \quad b_0 + 6 = 4,$$

portanto tem-se:

$$b_2 = 3, \quad b_1 = 0 \quad \text{e} \quad b_0 = -2$$

e consequentemente, tem-se $y_p(x) = 3x^2 - 2$. □

Exemplo 2.16 Achar uma solução particular da equação:

$$y'' - 4y' + 4y = 2e^{2x} + \cos(x).$$

Solução: Observe que as funções e^{2x} e xe^{2x} são soluções da equação homogênea associada a equação acima, portanto a equação acima tem uma solução particular do tipo:

$$y_p(x) = b_1 \operatorname{sen}(x) + b_2\cos(x) + b_3 x^2 e^{2x}.$$

Substituindo-se $y_p(x)$ na equação vem:

$$y_p'(x) = b_1 \cos(x) - b_2 \operatorname{sen}(x) + 2b_3xe^{2x} + 2b_3x^2e^{2x},$$
$$y_p''(x) = -b_1 \operatorname{sen}(x) - b_2 \cos(x) + 2b_3e^{2x} + 8b_3xe^{2x} + 4b_3x^2e^{2x}.$$

Daí tem-se

$$\begin{aligned} &- b_1 \operatorname{sen}(x) - b_2 \cos(x) + 2b_3e^{2x} + 8b_3xe^{2x} + 4b_3x^2e^{2x} \\ &\qquad + 4b_2 \operatorname{sen}(x) - 4b_1 \cos(x) - 8b_3xe^{2x} - 8b_3x^2e^{2x} \\ &\qquad\quad + 4b_1 \operatorname{sen}(x) + 4b_2 \cos(x) + 4b_3x^2e^{2x} = 2e^{2x} + \cos(x), \end{aligned}$$

ou, equivalentemente,

$$3b_1 \operatorname{sen}(x) + b_2 \operatorname{sen}(x) + 3b_2 \cos(x) - 4b_1 \cos(x) + 2b_3e^{2x} = 2e^{2x} + \cos(x),$$

ou ainda,

$$(3b_1 + 4b_2) \operatorname{sen}(x) + (3b_2 - 4b_1) \cos(x) + 2b_3e^{2x} = 2e^{2x} + \cos(x),$$

logo:

$$3b_1 + 4b_2 = 0, \quad -4b_1 + 3b_2 = 1 \quad \text{e} \quad b_3 = 1$$

ou

$$\begin{cases} 3b_1 + 4b_2 = 0, \\ 4b_1 - 3b_2 = -1. \end{cases} \tag{2.6.1}$$

Resolvendo o sistema (2.6.1) vem que:

$$b_1 = -\frac{4}{25}, \quad b_2 = \frac{3}{25}, \quad b_3 = 1.$$

Portanto:

$$y_p(x) = x^2e^{2x} - \frac{4}{25} \operatorname{sen}(x) + \frac{3}{25} \cos(x).$$

□

2.7 Redução de ordem de uma equação linear homogênea de segunda ordem

Seja $y''+p(x)y'+q(x)y=0$ uma equação diferencial linear de 2ª ordem da qual se conhece uma solução $y_1(x)$. O *método da redução de ordem* consiste em se obter uma solução $y_2(x)$ desta equação linearmente independente com a solução $y_1(x)$. Vamos procurar uma solução desta equação da forma $y_2(x)=y_1(x)u(x)$ onde $u(x)$ é uma função à ser determinada, substituindo-se $y_2(x)=y_1(x)u(x)$ na equação vem:

$$\begin{aligned} y_2 &= y_1 u, \\ y_2' &= y_1' u + y_1 u', \\ y_2'' &= y_1'' u + 2y_1' u' + y_1 u''. \end{aligned}$$

Daí tem-se:

$$\begin{aligned} &y''_1 u + 2y_1' u' + y_1 u'' + p\left(y_1' u + y_1 u'\right) + q\left(y_1 u\right) \\ &\quad = \left(y''_1 + p y_1' + q y_1\right) u + 2y_1' u' + p y_1 u' + y_1 u'' \\ &\quad = y_1 u'' + \left(2y_1' + p y_1\right) u' = u'' + \left(\frac{2y_1'}{y_1} + p\right) u' = 0. \qquad (2.7.1) \end{aligned}$$

A equação (2.7.1) acima impõe que $y_2(x)=y_1(x)u(x)$ é solução da equação inicial. Fazendo $u'=v$, a equação (2.7.1) se transforma na equação diferencial linear de 1ª ordem à seguir:

$$v' = \left(\frac{2y_1'}{y_1} - p\right) v = 0,$$

ou, equivalentemente,

$$\frac{v'}{v} = -\frac{2y_1'}{y_1} - p.$$

Integrando-se a equação acima vem:

$$v(x) = \frac{c}{\left[y_1(x)\right]^2} e^{-\int p(x)\,dx}. \qquad (2.7.2)$$

Mas $u'(x)=v(x)$ e portanto a solução procurada é do tipo:

$$y_2(x) = y_1(x) \int \frac{1}{\left[y_1(x)\right]^2} e^{-\int p(x)\,dx}\,dx.$$

Exemplo 2.17 Use o método da redução de ordem para achar a segunda solução da equação

$$y'' - \frac{2x}{1-x^2}y' + \frac{2}{1-x^2}y = 0,$$

tendo em conta o fato que $y_1(x) = x$ é uma solução da equação.

SOLUÇÃO: Do método da redução de ordem vem que a solução $y_2(x)$ é dada por

$$y_2(x) = u(x)y_1(x),$$

onde $u(x)$ é uma função incógnita. Fazendo $u' = v$ e tendo em vista que $y_1(x) = x$, a equação (2.7.2) toma a forma:

$$v' + \left(\frac{2}{x} - \frac{2x}{1-x^2}\right)v = 0,$$

ou, equivalentemente:

$$\frac{v'}{v} = \frac{2x}{1-x^2} - \frac{2}{x}.$$

Integrando a equação acima vem:

$$\log\left[v(x)\right] = -\log\left(1-x^2\right) - 2\log\left(x\right) = \log\left[\frac{1}{x^2\left(1-x^2\right)}\right],$$

logo,

$$v(x) = \frac{1}{x^2\left(1-x^2\right)},$$

ou seja,

$$u(x) = -\frac{1}{x} + \frac{1}{2}\log\left(\frac{1+x}{1-x}\right),$$

portanto a solução procurar é:

$$y_2(x) = xu(x) = -1 + \frac{x}{2}\log\left(\frac{1+x}{1-x}\right).$$

□

2.8 Aplicações das equações diferenciais lineares de 2ª ordem

2.8.1 Modelagem do problema de valor inicial do oscilador harmônico

Considere uma mola elástica fixa pela extremidade superior com um peso de massa m preso a outra extremidade e mergulhada num recipiente contendo um líquido viscoso. Suponha que o sistema fica em equilíbrio no ponto de ordenada $y = 0$, situada à y_0 unidades do comprimento natural da mola e que a força de atrito que o líquido oferece ao deslocamento do sistema seja do tipo $-c\vec{v}$, onde $c > 0$ é uma constante real e $\vec{v}$ é a velocidade do deslocamento.

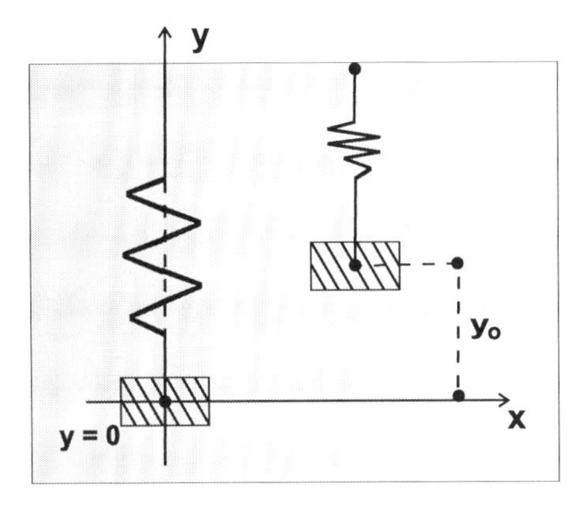

Ache a equação diferencial e as condições inicias que descreve o sistema acima se este sofrer a ação de uma força externa $h(t)$.

Solução: As forças que atuam sobre o sistema são:

- mg devido a ação da gravidade;
- $-k\,(y_0 + y)$ força restauração da mola;
- $-c\frac{dy}{dt}$ força de atrito do meio viscoso, $c > 0$ e $c \in \mathbb{R}$;
- $h(t)$ força externa.

Desta forma, da Lei de Hooke segue que

$$mg = ky_0.$$

E da Segunda Lei de Newton, tem-se

$$\frac{d}{dt}\left(m\frac{dy}{dt}\right) = mg - c\frac{dy}{dt} - k\left(y_0 + y\right) + h(t),$$

ou seja:

$$\begin{cases} m\dfrac{d^2y}{dt^2} + c\dfrac{dy}{dt} + ky = h(t), \\ y(0) = 0, \\ y'(0) = 0, \end{cases}$$

é o problema de valor inicial do movimento harmônico amortecido e forçado. □

2.8.2 Modelagem do movimento pendular

Considere o pêndulo constituindo de uma massa m suspensa por um fio rígido de peso e espessura desprezíveis e de comprimento l; mergulhando num recipiente contendo um líquido viscoso.

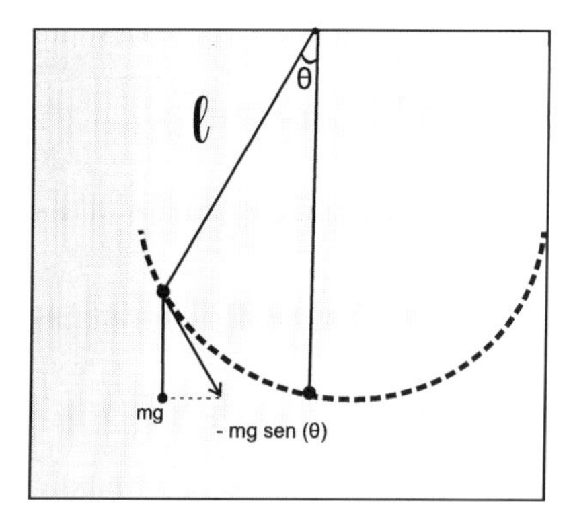

Se uma força externa $h(t)$ age sobre o sistema forçando-o a movimentar-se em trajetória circular; determine a equação diferencial e as condições iniciais que descreve o sistema.

SOLUÇÃO: Suponha que no instante inicial $t = 0$ o pêndulo esteja na posição vertical e que o ângulo no momento seguinte seja $\theta = \theta(t)$. Então as forças que contribuem com o movimento do pêndulo são:

- A componente do peso na direção do movimento: $-mg\,\text{sen}(\theta)$;
- A força de atrito do meio viscoso que é igual a $-cl\frac{d\theta}{dt}$, onde $c > 0$, e l é o comprimento do fio;
- A força externa: $h(t)$.

Da segunda Lei de Newton obtêm-se:

$$ml\frac{d^2\theta}{dt^2} = -mg\,\text{sen}(\theta) - cl\frac{d\theta}{dt} + h(t),$$

ou, equivalentemente:

$$ml\frac{d^2\theta}{dt^2} + cl\frac{d\theta}{dt} + mg\,\text{sen}(\theta) = h(t).$$

Tendo-se em vista que no instante $t = 0$ o pêndulo estar parado na posição vertical tem-se:

$$\theta(0) = 0 \quad \text{e} \quad \theta'(0) = 0.$$

Consequentemente, o problema de valo inicial para o movimento pendular é:

$$\begin{cases} ml\dfrac{d^2\theta}{dt^2} + cl\dfrac{d\theta}{dt} + mg\,\text{sen}(\theta) = h(t), \\ \theta(0) = 0, \\ \theta'(0) = 0. \end{cases}$$

□

Observação. A equação não é linear, mas se considerarmos apenas oscilações de pequenas amplitudes tem-se que $\text{sen}(\theta) \cong \theta$ e portanto, neste caso, o sistema se comporta como um problema envolvendo uma equação diferencial linear de 2ª ordem com coeficientes constantes.

Exercícios

1. Achar a solução geral das equações diferenciais à seguir:

   (a) $y'' - 6y' + 9y = 0$.

   (b) $y'' - y' - 6y = 0$.

   (c) $y'' - 7y' + 12y = 0$.

   (d) $y'' + 4y' + 20y = 0$.

2. Achar a solução geral das equações diferenciais não homogêneas abaixo:

   (a) $y'' - 6y' + 9y = x^2 + 1$.

   (b) $y'' - y' - 6y = \cos(3x) + x^2$.

   (c) $y'' - 7y' + 12y = e^{2x} + 3x^2 + 1$.

   (d) $y'' + 4y' + 20y = e^{2x}\,\text{sen}(3x)$.

3. Resolva os problemas de valor inicial seguintes:

   (a) $y'' - 6y' + 9y = 0;\ y(0) = 0,\ y'(0) = 1$.

   (b) $y'' - y' - 6y = 0;\ y(0) = 1,\ y'(0) = -1$.

   (c) $y'' - 7y' + 12y = 0;\ y(0) = -1,\ y'(0) = 2$.

   (d) $y'' + 4y' + 20y = 0;\ y(0) = 3,\ y'(0) = 4$.

4. Resolva os problemas de valor inicial à seguir:

   (a) $y'' - 6y' + 9y = x^2 + 1;\ y(0) = y'(0) = 0$.

   (b) $y'' - y' - 6y = \cos(3x) + x^2;\ y(0) = y'(0) = 1$.

   (c) $y'' - 7y' + 12y = e^{2x} + 3x^2 + 1;\ y(0) = 3,\ y'(0) = 0$.

   (d) $y'' + 4y' + 20y = e^{2x}\,\text{sen}(3x);\ y(0) = -1,\ y'(0) = 1$.

5. Ache uma base para o espaço das soluções da *equação de Euler*:

$$x^3y'' + 2x^2y' - 12xy = 0, x \neq 0.$$

Sugestão: Faça a mudança de variável $u = z\log(x)$ e verifique que esta mudança transforma esta equação numa equação linear com coeficientes constantes antes porém verifique, dividindo a equação por x, que a equação de Euler em questão é equivalente a equação $x^2y'' + 2xy' - 12y = 0$.

6. Sejam $y_1(x)$ e $y_2(x)$ soluções da equação diferencial $y'' + py' + qy = 0$ e seja

$$W[y_1(x), y_2(x)] = \begin{vmatrix} y_1(x) & y_2(x) \\ y_1'(x) & y_2'(x) \end{vmatrix}.$$

Se existir $x_0 \in \mathbb{R}$ tal $W[y_1(x_0), y_2(x_0)] \neq 0$ mostre que $W[y_1(x), y_2(x)] \neq 0$ para todo $x \in I$.

7. Considere a equação $y'' + ay' + by = h(x)$, Onde a e b são constantes reais. Se $h(x)$ for uma função polinomial de grau-n se $b \neq 0$. Mostre que a equação diferencial em questão tem uma solução particular do tipo:

$$y_p(x) = a_n x^n + \cdots + a_1 x + a_0.$$

8. Se $a \neq 0$ e $b = 0$; mostre que a equação diferencial do exercício anterior tem uma solução particular do tipo:

$$y_p(x) = a_{n+1} x^{n+1} + \ldots + a_2 x^2 + a_1 x.$$

9. Considere a equação diferencial $y'' + py' + qy = h(x)$. Se a função $h(x)$ for da forma $f(x)e^{\alpha x}$, onde $f(x)$ é uma função polinomial de grau n; mostre que a equação tem uma solução particular do tipo $y_p(x) = P(x)e^{\alpha x}$, onde $P(x)$ é uma função polinomial de grau $\leq n$; e que se $\alpha^2 + \alpha p + q \neq 0$, o grau de $P(x)$ é n.

10. Mostre que a mudança de variável $v = \log(x)$ transforma a equação $x^2 y'' + axy' + by = 0$ numa equação linear com coeficientes constantes.

11. Resolva a equação $x^2 y'' + 3xy' + 2y = 0$ definida para $x > 0$.

12. Verifique se a função $y(t) = \frac{\text{sen}(t)}{\sqrt{t}}$, $t > 0$, é solução da *equação de Bessel*

$$t^2 y'' + ty' + \left(t^2 - \frac{1}{4}\right) y = 0.$$

13. Mostre que $y_1(t) = t$ e $y_2(t) = te^t$ são soluções linearmente independentes da equação:

$$t^2 y'' - t(t+2)y' + (t+2)y = 0, \quad t > 0.$$

14. Resolva o problema de valor inicial: $y'' + 2ay' + b^2 y = \text{sen}(\omega t)$, $y(0) = 0$, $y'(0) = 0$ e $\omega \in \mathbb{R}$, $\omega \neq 0$

15. Ache a solução do problema de valor inicial $y'' + 5y' + 6y = 0$; $y(0) = 2$; $y'(0) = 3$.

16. Sabendo-se que $y_1(t) = \frac{1}{t}$, $t > 0$ é solução da equação

$$2t^2y'' + 3ty' - y = 0,$$

ache uma segunda solução $y_2(t)$ linearmente independente com a solução $y_1(t)$.

17. Ache uma solução particular da equação $y'' - 3y' - 4y = 3e^{2t}$.

18. Ache uma solução particular da equação $y'' - 3y' - 4y = 2\,\mathsf{sen}(t)$.

19. Ache uma solução particular da equação $y'' + 4y = 3\,\mathsf{cossec}(t)$.

20. Verifique que $y_1(t) = t$ é solução da equação $t^2y'' + 2ty' - 2y = 0$ e se $t > 0$, ache uma solução $y_2(t)$ desta equação Linearmente independente com $y_1(t)$.

3

Transformada de Laplace

3.1 Definição e exemplos

As transformadas de Laplace constituem uma técnica extremamente eficiente para tratar de problemas de valor inicial envolvendo equações diferenciais lineares com coeficientes constantes.

Definição 3.1 Seja $f : [a, \infty) \to \mathbb{R}$ uma função real integrável em todo intervalo do tipo $[a, b]$, onde $a \leq 0$ e $b > 0$. Suponha que existe $s_0 \in \mathbb{R}$ tal que $\int_0^\infty e^{-st} f(t)\, dt$ converge para todo $s \geq s_0$. Definimos a *transformada de Laplace* da função f por

$$\mathcal{L}[f] : [s_0, \infty) \to \mathbb{R},$$

onde

$$\mathcal{L}[f](s) = \int_0^\infty e^{-st} f(t)\, dt.$$

Exemplo 3.2 Considere a função $f : [0, \infty) \to \mathbb{R}$ para por $f(t) = \mathsf{sen}(t)$. Encontre $\mathcal{L}[f](s)$ e determine o domínio da função $\mathcal{L}[f]$.

Solução: Da definição segue que

$$\mathcal{L}[f](s) = \int_0^\infty e^{-st}\, \mathsf{sen}(t)\, dt = \lim_{b \to \infty} \int_0^b e^{-st}\, \mathsf{sen}(t)\, dt.$$

Usando integração por partes, obtemos

$$\begin{aligned}\mathcal{L}[f](s) &= \lim_{b\to\infty}\left[1 - \cos(b)e^{-sb} - s\,\text{sen}(b)e^{-sb} - s^2\int_0^b e^{-st}\,\text{sen}(t)\,dt\right]\\ &= 1 - s^2\int_0^\infty e^{-st}\,\text{sen}(t)\,dt = 1 - s^2\mathcal{L}[f](s), \quad s > 0.\end{aligned}$$

Portanto, tem-se que

$$\mathcal{L}[\text{sen}(t)](s) = \frac{1}{1+s^2}, \quad s > 0.$$

□

Exemplo 3.3 Considere a função $g : [0,\infty) \to \mathbb{R}$ dada por $g(t) = e^{at}$, $a \in \mathbb{R}$. Encontre $\mathcal{L}[g](s)$.

SOLUÇÃO: Da definição segue que

$$\begin{aligned}\mathcal{L}[e^{at}](s) = \int_0^\infty e^{-st}e^{at}\,dt &= \int_0^\infty e^{(a-s)t}\,dt\\ &= \lim_{b\to\infty}\int_0^b e^{(a-s)t}\,dt = \frac{1}{s-a}, \quad s > a.\end{aligned}$$

Portanto

$$\mathcal{L}[e^{at}](s) = \frac{1}{s-a}, \quad s > a.$$

□

Observações.

I. Nem toda função contínua $f : [a,\infty) \to \mathbb{R}$ tem uma transformação de Laplace: de fato, a função $f : \mathbb{R} \to \mathbb{R}$ dada por $f(t) = e^{t^2}$ não tem uma transformada de Laplace pois a integral imprópria $\int_0^\infty e^{-st}e^{t^2}dt$ é divergente para todo $s \in \mathbb{R}$.

II. Uma função $f : [0,\infty) \to \mathbb{R}$ integrável é de "ordem exponencial" se existirem constantes reais $c > 0$ e $\alpha \in \mathbb{R}$ tais que $|f(t)| \le ce^{\alpha t}$ para todo $t \ge 0$. Verifica-se que toda função de ordem exponencial tem uma transformada de Laplace.

III. Se $\mathcal{L}[f]$ e $\mathcal{L}[g]$ estão definidas no ponto $s \in \mathbb{R}$, então $\mathcal{L}[f+g]$ está definida em s e além disso tem-se

$$\mathcal{L}[f+g](s) = \mathcal{L}[f](s) + \mathcal{L}[g](s).$$

IV. $\mathcal{L}[\alpha f](s) = \alpha \mathcal{L}[f](s)$ para qualquer $\alpha \in \mathbb{R}$.

Teorema 3.4 (Lerch) *Sejam f e g funções contínuas por partes, de ordem exponencial, definidas no intervalo $[0, \infty)$. Se $\mathcal{L}[f]$ e $\mathcal{L}[g]$ estão definidas no intervalo $[s_0, \infty)$ e se $\mathcal{L}[f](s) = \mathcal{L}[g](s)$ para todo $s \geq s_0$, então $f(t) = g(t)$ para todo t, exceto possivelmente naqueles pontos onde f ou g é descontínua.*

A demonstração deste teorema está além dos objetivos deste livro, sua demonstração poderá ser encontrada no apêndice-II do livro *"An Introduction to Linear Analysis"* de D. L. Kreider e R. G. K. Kuller.

3.2 Transformada inversa de Laplace

Definição 3.5 Se $f : [a, \infty) \to \mathbb{R}$ for contínua e de ordem exponencial; pode-se falar na transformada inversa de Laplace, uma vez que a função $f \mapsto \mathcal{L}[f]$ é injetora se a função f for contínua e de ordem exponencial; daí tem-se $\mathcal{L}^{-1}[\varphi] = f$, chamada de *transformada inversa de Laplace* da função $\varphi(s)$.

Exemplo 3.6 Ache a transformada inversa de Laplace da função $\varphi(s) = \frac{1}{1+s^2}$, $s > 0$.

SOLUÇÃO: Sabe-se $\mathcal{L}[\mathsf{sen}(t)](s) = \frac{1}{1+s^2}$, para todo $s > 0$, portanto tem-se que $\mathcal{L}^{-1}[\frac{1}{1+s^2}] = \mathsf{sen}(t)$. □

Teorema 3.7 *Seja $f : [0, \infty) \to \mathbb{R}$ uma função de classe C^n em todo ponto $t_0 \in [0, \infty)$ e suponha que $f^{(n)}(x)$ é de ordem exponencial em $(0, \infty)$. Então tem-se:*

$$\mathcal{L}[f^{(n)}](s) = s^n \mathcal{L}[f](s) - s^{n-1} f(0) - \cdots - s f^{(n-2)}(0) - f^{(n-1)}(0)$$

DEMONSTRAÇÃO: Usaremos indução na demonstração: Se $n = 1$, deve-se demonstrar que

$$\mathcal{L}[f'](s) = s\mathcal{L}[f](s) - f(0).$$

De fato:

$$\begin{aligned}\mathcal{L}[f'](s) &= \int_0^{\infty} e^{-st} f'(t)\, dt \\ &= \left[e^{-st} f(t)\right]_0^{\infty} + s\int_0^{\infty} e^{-st} f(t)\, dt = s\mathcal{L}[f](s) - f(0).\end{aligned}$$

Nesta integração usamos integração por partes e que $\lim_{t\to\infty} e^{-st} f(t) = 0$. Suponha que a fórmula é válida para $n = k$; isto é:

$$\mathcal{L}[f^{(k)}](s) = s^k \mathcal{L}[f](s) - s^{k-1} f(0) - \cdots - s f^{(k-2)}(0) - f^{(k-1)}(0).$$

Vamos demonstrar que esta relação é válida para $k + 1$. Faça $g = f^{(k)}$, então $g' = f^{(k+1)}$ e tem-se

$$\mathcal{L}[g'](s) = s\mathcal{L}[g](s) - g(0),$$

ou seja,

$$\begin{aligned}\mathcal{L}[f^{(k+1)}](s) &= s\mathcal{L}[f^{(k)}](s) - f^{(k)}(0) \\ &= s^{k+1}\mathcal{L}[f](s) - s^k f(0) - \cdots - s f^{(k-1)}(0) - f^{(k)}(0),\end{aligned}$$

portanto a expressão também é válida para $n = k + 1$ por indução que a fórmula vale para todo $n \in \mathbb{N}$. □

3.3 Transformada de Laplace e equação diferencial linear

Usando a transformada de Laplace para resolver problemas de valor inicial envolvendo equação linear com coeficientes constantes.

Exemplo 3.8 Considere o problema de valor inicial

$$\begin{cases} y'' - y = 1, \\ y(0) = 0, \\ y'(0) = 1. \end{cases}$$

Solução: Aplicando a transformada de Laplace na equação $y'' - y = 1$, vem

$$\begin{aligned} &\mathcal{L}[y''](s) - \mathcal{L}[y](s) = \mathcal{L}[1](s) \\ &\quad \Rightarrow\ s^2\mathcal{L}[y](s) - y'(0) - \mathcal{L}[y](s) = \mathcal{L}[1](s) = \frac{1}{s} \\ &\quad \Rightarrow\ (s^2 - 1)\,\mathcal{L}[y](s) = 1 + \frac{1}{s} \\ &\quad \Rightarrow\ \mathcal{L}[y](s) = \frac{1}{s-1} - \frac{1}{s} \\ &\quad \Rightarrow\ y(x) = \mathcal{L}^{-1}\left[\frac{1}{s-1} - \frac{1}{s}\right] = \mathcal{L}^{-1}\left[\frac{1}{s-1}\right] - \mathcal{L}^{-1}\left[\frac{1}{s}\right] = e^x - 1. \end{aligned}$$

Portanto, $y(x) = e^x - 1$ é solução do problema de valor inicial. □

O uso das transformadas de Laplace na resolução de problemas de valor inicial envolvendo equação diferencial linear com coeficientes constantes consiste em; aplicando a transformada $\mathcal{L}$ à equação transforma-la numa equação do tipo: $\mathcal{L}[y](s) = \varphi(s)$, cuja solução; através da aplicação da transformada inversa $\mathcal{L}^{-1}[\varphi(s)] = y(x)$ é a solução procurada para o problema. Portanto é de fundamental importância o domínio do manuseio com estas transformadas.

3.4 Fórmulas elementares e tabela de transformadas e transformadas inversas de Laplace

Aplicando-se o teorema 3.7 acima obtêm-se as seguintes fórmulas:

I. Se $g(x) = \int_0^x f(t)\,dt$, então $g'(x) = f(x)$ e daí segue que

$$\mathcal{L}[f](s) = \mathcal{L}[g'](s) = s\mathcal{L}[g](s) - g(0) = s\mathcal{L}[g](s)$$
$$\Rightarrow \mathcal{L}[g](s) = \frac{1}{s}\mathcal{L}[f](s),$$

e portanto

$$\mathcal{L}\left[\int_0^x f(t)\,dt\right](s) = \frac{1}{s}\mathcal{L}[f](s), \qquad s > 0.$$

II. Se $f(t) = t^n$, segue que $f^{(n)}(t) = n!$; como $\mathcal{L}[f^{(n)}](s) = s^n\mathcal{L}[f](s)$ e $\mathcal{L}[f^{(n)}](s) = \mathcal{L}[n!](s) = \frac{n!}{s}$, vem que

$$\mathcal{L}[t^n](s) = \frac{n!}{s^{n+1}}, \qquad s > 0.$$

III. Se $f(t) = \cos(at)$, segue que $f'(t) = -a\,\text{sen}(at)$, logo

$$\mathcal{L}[-a\,\text{sen}(t)](s) = s\mathcal{L}[f](s) - f(0) = s\mathcal{L}[\cos(at)](s) - 1$$
$$\Rightarrow -a\mathcal{L}[\text{sen}(at)](s) = s\mathcal{L}[\cos(at)](s) - 1$$
$$\Rightarrow s\mathcal{L}[\cos(at)](s) = 1 - a\mathcal{L}[\text{sen}(at)](s) = 1 - \frac{a^2}{s^2+a^2} = \frac{s^2}{s^2+a^2},$$

portanto

$$\mathcal{L}[\cos(at)](s) = \frac{s}{s^2+a^2}.$$

IV. Se $f(x) = x^n e^{ax}$, tem-se $f'(x) = nx^{n-1}e^{ax} + ax^n e^{ax}$ e daí segue que

$$\mathcal{L}[f'](s) = \mathcal{L}[nx^{n-1}e^{ax} + ax^n e^{ax}](s) = n\mathcal{L}[x^{n-1}e^{ax}](s) + a\mathcal{L}[f](s)$$

mas, neste caso,

$$\mathcal{L}[f'](s) = s\mathcal{L}[f](s) \;\Rightarrow\; (s-a)\mathcal{L}[f](s) = n\mathcal{L}\left[x^{n-1}e^{ax}\right](s)$$
$$\Rightarrow\; \mathcal{L}\left[x^n e^{ax}\right](s) = \frac{n}{(s-a)}\mathcal{L}\left[x^{n-1}e^{ax}\right](s);$$

aplicando-se sucessivamente o processo acima chega-se:

$$\mathcal{L}[x^n e^{ax}](s) = \frac{n!}{(s-a)^{n+1}}, \qquad s > a.$$

Tabela 3.1 — Tabela de transformadas e transformadas inversas de Laplace de algumas funções elementares.

$f(t) = \mathcal{L}^{-1}[\varphi(s)]$	$\varphi(s) = \mathcal{L}[f](s)$
e^{at}	$\frac{1}{s-a}$, $s > a$
t^n	$\frac{n!}{s^{n+1}}$, $s > 0$
$\text{sen}(at)$	$\frac{a}{s^2+a^2}$, $s \in \mathbb{R}$
$\cos(at)$	$\frac{s}{s^2+a^2}$, $s \in \mathbb{R}$
$\text{sen}\,h(at)$	$\frac{a}{s^2-a^2}$, $s > \|a\|$
$\cosh(at)$	$\frac{s}{s^2-a^2}$, $s > \|a\|$
$e^{at}\,\text{sen}(bt)$	$\frac{b}{(s-a)^2+b^2}$, $s > 0$
$e^{at}\cos(bt)$	$\frac{s-a}{(s-a)^2+b^2}$
$t^n e^{at}$, $n \in \mathbb{N}$	$\frac{n!}{(s-a)^{n+1}}$, $s > a$
$e^{at} f(t)$	$\varphi(s-a)$
$f(\alpha t)$, $\alpha \neq 0$	$\frac{1}{\alpha}\varphi(\frac{s}{\alpha})$
$\int_0^t f(t-\xi)g(\xi)\,d\xi$	$\varphi(s)\psi(s)$
$e^{at}\,\text{senh}(bt)$	$\frac{b}{(s-a)^2-b^2}$, $s > a$
$e^{at}\cosh(bt)$	$\frac{s-b}{(s-a)^2-b^2}$, $s > a$
$\int_a^t f(\xi)\,d\xi$	$\frac{1}{s} - \frac{1}{s}\int_0^a f(\xi)\,d\xi$
$\int_0^t \cdots \int_0^t f(t)\,dt \cdots dt$	$\frac{1}{s^n}\mathcal{L}[f](s)$
$t^n f(t)$	$(-1)^n \frac{d^n}{ds^n}\mathcal{L}[f](s)$

Exemplo 3.9 Achar a solução do problema do valor inicial:

$$\begin{cases} y'' + y = x, \\ y(0) = 1, \\ y'(0) = -2. \end{cases}$$

SOLUÇÃO: Aplicando-se transformada de Laplace na equação vem:

$$\mathcal{L}[y'' + y] = \mathcal{L}[x] \Rightarrow \mathcal{L}[y''] + \mathcal{L}[y] = \mathcal{L}[x],$$

mas

$$\begin{aligned} \mathcal{L}[y''] &= s^2\mathcal{L}[y] - sy(0) - y'(0) \\ &\Rightarrow \; s^2\mathcal{L}[y] - sy(0) - y'(0) + \mathcal{L}[y] = \mathcal{L}[x] \\ &\Rightarrow \; (s^2+1)\mathcal{L}[y] - s + 2 = \frac{1}{s^2} \\ &\Rightarrow \; (s^2+1)\mathcal{L}[y] = \frac{1}{s^2} + s - 2 \\ &\Rightarrow \; \mathcal{L}[y] = \frac{1}{s^2(1+s^2)} + \frac{s}{1+s^2} - \frac{2}{1+s^2}. \end{aligned}$$

Utilizando-se decomposição em frações parciais vem que:

$$\frac{1}{s^2(s^2+1)} = \frac{1}{s^2} - \frac{1}{s^2+1},$$

daí segue que:

$$\begin{aligned} \mathcal{L}[y] &= \frac{1}{s^2} + \frac{s}{s^2+1} - \frac{3}{s^2+1} \\ &\Rightarrow \; y(x) = \mathcal{L}^{-1}\left[\frac{1}{s^2}\right] + \mathcal{L}^{-1}\left[\frac{s}{s^2+1}\right] - 3\mathcal{L}^{-1}\left[\frac{1}{s^2+1)}\right], \end{aligned}$$

portanto:

$$y(x) = x + \cos(x) - 3\,\text{sen}(x).$$

□

Exemplo 3.10 Achar a solução do problema do valor inicial:

$$\begin{cases} y'' + 4y' + 5y = e^{-3x}\cos(x), \\ y(0) = 2, \\ y'(0) = 1. \end{cases}$$

SOLUÇÃO: Aplicando-se transformada de Laplace na equação vem:

$$s^2\mathcal{L}[y] - 2s - 1 + 4s\mathcal{L}[y] - 8 + 5\mathcal{L}[y] = \frac{s+3}{(s+3)^2+1}$$

$$\Rightarrow \left(s^2 + 4s + 5\right)\mathcal{L}[y] = 2s + \frac{s+3}{(s+3)^2+1} + 9.$$

Logo tem-se:

$$\mathcal{L}[y] = \frac{1}{(s^2+4s+5)}\left[2s + \frac{s+3}{(s+3)^2+1} + 9\right].$$

Utilizando-se decomposição em frações parciais vem que:

$$\frac{1}{s^2+4s+5}\left[2s + \frac{s+3}{(s+3)^2+1} + 9\right]$$
$$= \frac{9}{5}\frac{s}{(s+2)^2+1} + \frac{46}{5}\frac{1}{(s+2)^2+1} + \frac{1}{5}\frac{s}{(s+3)^2+1} + \frac{1}{5}\frac{1}{(s+3)^2+1}.$$

Portanto tem-se que a solução do problema é:

$$y(x) = \frac{9}{5}\mathcal{L}^{-1}\left[\frac{s}{(s+2)^2+1}\right] + \frac{46}{5}\mathcal{L}^{-1}\left[\frac{1}{(s+2)^2+1}\right]$$
$$+ \frac{1}{5}\mathcal{L}^{-1}\left[\frac{s}{(s+3)^2+1}\right] + \frac{1}{5}\mathcal{L}^{-1}\left[\frac{1}{(s+3)^2+1}\right],$$

isto é,

$$y(x) = \frac{9}{5}e^{-2x}\cos(x) + \frac{28}{5}e^{-2x}\operatorname{sen}(x) + \frac{1}{5}e^{-3x}\cos(x) - \frac{2}{5}e^{-3x}\operatorname{sen}(x).$$

□

Apresentaremos à seguir alguns resultados úteis para a obtenção da transformada de Laplace:

Teorema 3.11 *Se* $\varphi(s) = \mathcal{L}[f](s)$, *então*

$$\mathcal{L}[e^{at}f(t)](s) = \varphi(s-a).$$

DEMONSTRAÇÃO:

$$\begin{aligned}\mathcal{L}[e^{at}f(t)](s) &= \int_0^\infty e^{-st}e^{at}f(t)\,dt\\ &= \int_0^\infty e^{-(s-a)t}f(t)\,dt = \mathcal{L}[f](s-a) = \varphi(s-a).\end{aligned}$$

□

Exemplo 3.12 Encontre $\mathcal{L}[e^{at}\cos(t)](s)$.

SOLUÇÃO:

$$\begin{aligned}&\mathcal{L}\left[\cos(t)\right](s) = \frac{s}{s^2+1} = \varphi(s)\\ &\Rightarrow \mathcal{L}\left[e^{at}\cos(t)\right](s) = \varphi(s-a) = \frac{s-a}{(s-a)^2+1}\\ &\Rightarrow \mathcal{L}\left[e^{at}\cos(t)\right](s) = \frac{s-a}{(s-a)^2+1}.\end{aligned}$$

□

Teorema 3.13 *Se* $\mathcal{L}[f](s) = \varphi(s)$, *então*

$$\mathcal{L}[t^n f(t)](s) = (-1)^n\frac{d^n}{ds^n}\varphi(s), \quad n \in \mathbb{N}.$$

DEMONSTRAÇÃO: Faremos a prova por indução em n. Para $n = 1$ vale que

$$\mathcal{L}[tf(t)](s) = \int_0^\infty e^{-st}tf(t)\,dt,$$

mas

$$\frac{\partial}{\partial s}\int_0^\infty e^{-st}f(t)\,dt = \int_0^\infty \frac{\partial}{\partial s}e^{-st}f(t)\,dt$$

$$
\begin{aligned}
&= -\int_0^\infty e^{-st} t f(t)\, dt = -\mathcal{L}[tf(t)](s) \\
&\Rightarrow \mathcal{L}[tf(t)](s) = -\frac{d}{ds}\int_0^\infty e^{-st} f(t)\, dt \\
&\Rightarrow \mathcal{L}[tf(t)](s) = (-1)^1 \frac{d\varphi}{ds},
\end{aligned}
$$

onde $\varphi(s) = \mathcal{L}[f](s)$; portanto a indução é válida para $n = 1$.

Suponha que a proposição é válida para $n = k$, isto é,

$$
\mathcal{L}[t^k f(t)](s) = (-1)^k \frac{d^k}{ds^k}\varphi(s) = \int_0^\infty e^{-st} t^k f(t)\, dt.
$$

Derivando a relação acima têm-se:

$$
\begin{aligned}
(-1)^k \frac{d^{k+1}}{ds^{k+1}}\varphi(s) &= \frac{d}{ds}\int_0^\infty e^{-st} t^k f(t)\, dt = \int_0^\infty \frac{\partial}{\partial s} e^{-st} t^k f(t)\, dt \\
&= -\int_0^\infty e^{-st} t^{k+1} f(t)\, dt = -\mathcal{L}[t^{k+1} f(t)](s) \\
&\Rightarrow \mathcal{L}[t^{k+1} f(t)](s) = (-1)^{k+1} \frac{d^{k+1}}{ds^{k+1}}\varphi(s),
\end{aligned}
$$

portanto a hipótese é válida para $n = k + 1$, consequentemente, pelo princípio de indução finita segue que:

$$
\mathcal{L}[t^n f(t)](s) = (-1)^n \frac{d^n}{ds^n}\mathcal{L}[f](s).
$$

□

Exemplo 3.14 Encontre a transformada de Laplace da função $f(t) = t\,\mathsf{sen}(t)$.

SOLUÇÃO: Sabe-se que

$$
\mathcal{L}[\mathsf{sen}(t)](s) = \frac{1}{s^2 + 1}, \quad s > 0;
$$

portanto do teorema 3.13 segue que:

$$
\mathcal{L}[t\,\mathsf{sen}(t)](s) = -\frac{d}{ds}\left(\frac{1}{s^2+1}\right) = \frac{2s}{(s^2+1)^2},
$$

ou seja,

$$\mathcal{L}[t\,\mathrm{sen}(t)](s) = \frac{2s}{(s^2+1)^2}.$$

□

Teorema 3.15 *Seja $f(t)$ uma função de ordem exponencial, periódica de Período p; então:*

$$\mathcal{L}[f](s) = \frac{\int_0^p e^{-st} f(t)dt}{1 - e^{-sp}}.$$

DEMONSTRAÇÃO: Por definição, tem-se que

$$\mathcal{L}[f](s) = \int_0^\infty e^{-st} f(t)dt,$$

mas f é periódica de período p, daí segue que

$$\begin{aligned}
&\int_0^\infty e^{-st} f(t)dt \\
&= \int_0^p e^{-st} f(t)dt + \int_p^{2p} e^{-st} f(t)dt + \cdots + \int_{np}^{(n+1)p} e^{-st} f(t)dt + \cdots \\
&= \sum_{n=0}^{\infty} \int_{np}^{(n+1)p} e^{-st} f(t)dt.
\end{aligned}$$

Fazendo $t = x + np$, onde $0 \leq x \leq p$, obtêm-se que

$$\int_{np}^{(n+1)p} e^{-st} f(t)dt = \int_0^p e^{-s(x+np)} f(x+np)dx = e^{-snp} \int_0^p e^{-sx} f(x)dx;$$

portanto

$$\begin{aligned}
\mathcal{L}[f](s) &= \sum_{n=0}^{\infty} e^{-snp} \int_0^p e^{-sx} f(x)dx \\
&= \int_0^p e^{-sx} f(x)dx \sum_{n=0}^{\infty} e^{-snp} = \frac{1}{1 - e^{-sp}} \int_0^p e^{-sx} f(x)dx
\end{aligned}$$

□

Exemplo 3.16 Encontre a transformada do Laplace da função $f : [0, \infty) \to \mathbb{R}$ dada por:

$$f(x) = \begin{cases} 1 & \text{se } 2n \leq x \leq 2n+1, \\ 0 & \text{se } 2n-1 \leq x \leq 2n. \end{cases}$$

SOLUÇÃO: O gráfico da função f é:

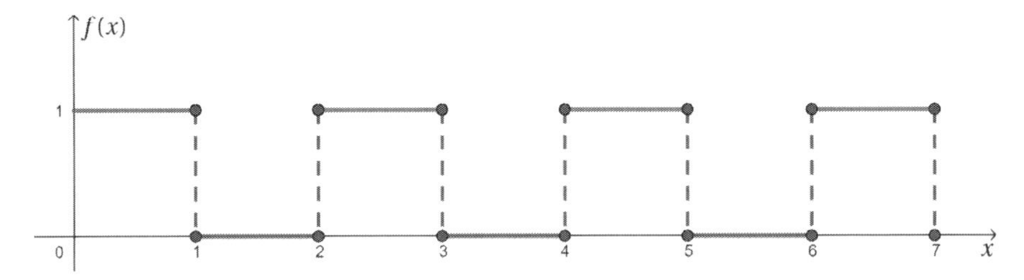

Portanto f é periódica de período $p = 2$ do teorema segue que:

$$\mathcal{L}[f](s) = \frac{1}{1-e^{2s}} \int_0^2 e^{-st} f(t)dt = \frac{1}{1-e^{2s}} \int_0^1 e^{-st}dt = \frac{1-e^{-s}}{s(1-e^{-2s})}$$

$$\Rightarrow \mathcal{L}[f](s) = (1-e^{-s}) \frac{1}{s(1-e^{-s})(1+e^{-s})}$$

$$\Rightarrow \mathcal{L}[f](s) = \frac{1}{s(1+e^{-s})}.$$

□

3.5 O Teorema de Convolução e consequências

Teorema 3.17 (Teorema da Convolução) *Sejam f e g funções definidas e integráveis no intervalo $[0, a]$, para todo $a > 0$. A convolução da função f pela função g é a função $f * g$ definida por:*

$$(f * g)(t) = \int_0^t f(t-\xi)g(\xi)d\xi;$$

então se $\mathcal{L}[f](s) = \varphi(s)$ e $\mathcal{L}[g](s) = \psi(s)$ tem-e

$$\mathcal{L}[f * g](s) = \varphi(s)\psi(s).$$

DEMONSTRAÇÃO: Tem-se

$$\mathcal{L}[f * g](s) = \int_0^\infty e^{-st}\left[\int_0^t f(t-\xi)\,g(\xi)\,d\xi\right]dt$$
$$= \int_0^\infty \int_0^t e^{-st} f(t-\xi)\,g(\xi)\,d\xi\,dt,$$

onde a integral dupla é calculada sobre a região $0 \leq \xi \leq t$ e $0 \leq t < \infty$ observe que a região de integração da integral dupla acima pode ser descrita por:

$$\xi \leq t < \infty \quad \text{e} \quad 0 \leq \xi < \infty,$$

portanto, invertendo a ordem de integração têm-se:

$$\mathcal{L}[f * g](s) = \int_0^\infty e^{-st}\left[\int_0^t f(t-\xi)\,g(\xi)\,d\xi\right]dt$$
$$= \int_0^\infty \int_\xi^\infty e^{-st} f(t-\xi)\,g(\xi)\,dt\,d\xi.$$

Fazendo a mudança de variável $u = t - \xi$, vem que

$$\int_\xi^\infty e^{-st} f(t-\xi)\,dt = \int_0^\infty e^{-s(u+\xi)} f(u)\,du$$
$$= \int_0^\infty e^{-su} e^{-s\xi} f(u)\,du = e^{-s\xi}\int_0^\infty e^{-su} f(u)\,du.$$

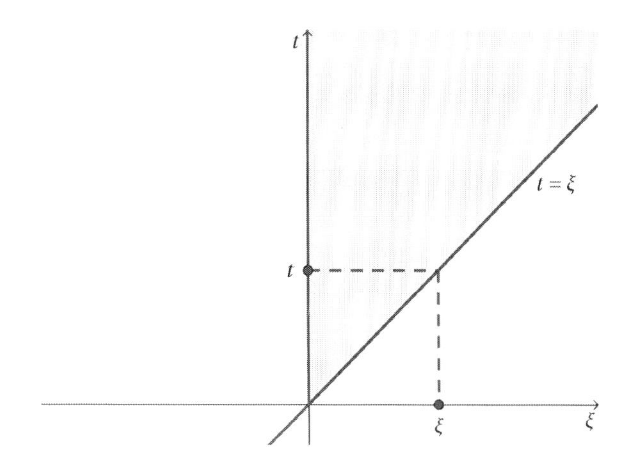

Daí segue que:

$$\begin{aligned}\mathcal{L}[f * g](s) &= \int_0^\infty e^{-s\xi} g(\xi)\, d\xi \int_0^\infty e^{-su} f(u)\, du \\ &= \mathcal{L}[g](s)\mathcal{L}[f](s) = \varphi(s)\,\psi(s).\end{aligned}$$

□

Corolário 3.18 *Em termos da transformada inversa de Laplace têm-se:*

$$\begin{aligned}\mathcal{L}^{-1}[\varphi(s)\,\psi(s)] &= \mathcal{L}^{-1}[\varphi(s)] * \mathcal{L}^{-1}[\psi(s)] \\ &= (f * g)(t) = \int_0^t f(t-\xi)\, g(\xi)\, d\xi.\end{aligned}$$

Exemplo 3.19 Achar a transformada inversa de Laplace da função

$$\Phi(s) = \frac{1}{s(s^2+1)}.$$

Solução: Sejam $\varphi(s) = \frac{1}{s}$ e $\frac{1}{s^2+1}$ então $\Phi(s) = \varphi(s)\psi(s)$, do corolário segue:

$$\begin{aligned}\mathcal{L}^{-1}\left[\frac{1}{s(s^2+1)}\right] &= \mathcal{L}^{-1}\left[\frac{1}{s}\right] * \mathcal{L}^{-1}\left[\frac{1}{s^2+1}\right] \\ &= 1 * \operatorname{sen}(t) = \int_0^t \operatorname{sen}(\xi)\, d\xi = 1 - \cos(t).\end{aligned}$$

□

Exemplo 3.20 Usando o teorema da convolução, resolva o problema de valor inicial:

$$\begin{cases} y'' + y' - 6y = h(t), \\ y(0) = y'(0) = 0, \end{cases}$$

e $h(t)$ é uma função contínua de ordem exponencial.

SOLUÇÃO: Aplicando-se transformada de Laplace na equação vem:

$$\mathcal{L}[y''] + \mathcal{L}[y'] - 6\mathcal{L}[y] = \mathcal{L}[h(t)],$$

mas

$$\mathcal{L}[y''](s) = s^2\mathcal{L}[y](s) - sy(0) - y'(0) = s^2\mathcal{L}[y](s),$$
$$\mathcal{L}[y'](s) = s\mathcal{L}[y](s) - y(0) = s\mathcal{L}[y](s).$$

Substituindo-se na equação vem:

$$s^2\mathcal{L}[y](s) + s\mathcal{L}[y](s) - 6\mathcal{L}[y](s) = \mathcal{L}[h(t)](s)$$

ou seja,

$$\mathcal{L}[y](s) = \frac{1}{s^2 + s - 6}\mathcal{L}[h(t)](s),$$

e portanto

$$y(t) = \mathcal{L}^{-1}\left[\frac{1}{s^2 + s - 6}\right](t) * h(t),$$

mas

$$\mathcal{L}^{-1}\left[\frac{1}{5}\left(\frac{1}{s-2} - \frac{1}{s-3}\right)\right] = \frac{1}{5}\mathcal{L}^{-1}\left[\frac{1}{s-2}\right] - \frac{1}{5}\mathcal{L}^{-1}\left[\frac{1}{s-3}\right] = \frac{1}{5}(e^{2t} - e^{-3t});$$

portanto

$$y(t) = \frac{1}{5}\left[e^{2t} - e^{-3t}\right] * h(t).$$

Logo,

$$y(t) = \frac{1}{5}\int_0^t \left[e^{2(t-\xi)} - e^{-3(t-\xi)}\right] h(\xi)\, d\xi.$$

□

Exemplo 3.21 Achar a solução do problema de valor inicial do oscilador harmônico amortecido e forçada descrito:

$$\begin{cases} m\dfrac{d^2y}{dt^2} + c\dfrac{dy}{dt} + ky = h(t), \\ y(0) = 0, \\ y'(0) = 0. \end{cases}$$

SOLUÇÃO: Aplicando-se a transformada de Laplace ao problema acima vem:

$$ms^2\mathcal{L}[y] + cs\mathcal{L}[y] + k\mathcal{L}[y] = \mathcal{L}[h(t)],$$

ou seja,

$$\mathcal{L}[y] = \frac{1}{ms^2 + cs + k}\mathcal{L}[h(t)],$$

ou ainda

$$y(t) = \mathcal{L}^{-1}\left[\frac{1}{ms^2 + cs + k}\right] * h(t).$$

Caso 1: Se $c^2 - 4mk > 0$, existem α_1 e α_2 números reais tais que:

$$\frac{1}{ms^2 + cs + k} = \frac{1}{m(s - \alpha_1)(s - \alpha_2)},$$

e daí têm-se

$$\frac{1}{ms^2 + cs + k} = \frac{A}{m}\frac{1}{s - \alpha_1} + \frac{B}{m}\frac{1}{s - \alpha_2},$$

consequentemente segue que

$$\begin{aligned}\mathcal{L}^{-1}\left[\frac{1}{ms^2 + cs + k}\right] &= \frac{A}{m}\mathcal{L}^{-1}\left[\frac{1}{s - \alpha_1}\right] + \frac{B}{m}\mathcal{L}^{-1}\left[\frac{1}{s - \alpha_2}\right] \\ &= \frac{A}{m}e^{\alpha_1 t} + \frac{B}{m}e^{\alpha_2 t},\end{aligned}$$

e portanto, neste caso a solução do problema do oscilador harmônico é

$$y(t) = \left[\frac{A}{m}e^{\alpha_1 t} + \frac{B}{m}e^{\alpha_2 t}\right] * h(t),$$

ou ainda,

$$y(t) = \frac{A}{m}\int_0^t e^{\alpha_1(t-\xi)}h(\xi)\,d\xi + \frac{B}{m}\int_0^t e^{\alpha_2(t-\xi)}h(\xi)\,d\xi.$$

Caso 2: Se $c^2 - 4mk = 0$, existe $\alpha \in \mathbb{R}$ tal que

$$\frac{1}{ms^2 + cs + k} = \frac{1}{m(s - \alpha)^2},$$

daí segue que

$$\mathcal{L}[y] = \frac{1}{m(s-\alpha)^2}\mathcal{L}[h(t)] \Rightarrow y(t) = \mathcal{L}^{-1}\left[\frac{1}{m(s-\alpha)^2}\right] * h(t),$$

mas

$$\mathcal{L}^{-1}\left[\frac{1}{m(s-\alpha)^2}\right] = \frac{1}{m}te^{\alpha t},$$

e portanto têm-se

$$y(t) = \int_0^t (t-\xi)e^{\alpha(t-\xi)}h(\xi)\,d\xi.$$

Caso 3: Se $c^2 - 4mk < 0$, fazendo completamente de quando, obtêm-se

$$ms^2 + cs + k = m\left[s^2 + \frac{c}{m}s + \frac{k}{m}\right] = m\left[\left(s + \frac{c}{2m}\right)^2 + \frac{(4mk - c^2)}{4m^2}\right],$$

daí fazendo-se

$$\alpha^2 = \frac{(4mk - c^2)}{4m^2} \quad \text{e} \quad \beta = \frac{c}{2m},$$

têm-se

$$ms^2 + cs + k = m\left[(s+\beta)^2 + \alpha^2\right],$$

e daí segue que

$$\mathcal{L}^{-1}\left[\frac{1}{ms^2 + cs + k}\right] = \mathcal{L}^{-1}\left[\frac{1}{m\left[(s+\beta)^2 + \alpha^2\right]}\right] = \frac{1}{m}e^{-\beta t}\cos(\alpha t),$$

portanto

$$y(t) = \frac{1}{m}\int_0^t e^{-\beta(t-\xi)} cos[\alpha(t-\xi)]h(\xi)\,d\xi.$$

□

3.6 Análise do oscilador harmônico

I. O oscilador harmônico simples, isto é, sem amortecimento e sem ação de força externa.

$$\begin{cases} my'' + ky = 0, \\ y(0) = 0, \\ y'(0) = v_0, \end{cases}$$

sendo $k > 0$ e $m > 0 \Rightarrow k/m > 0$, consequentemente, a solução geral da equação diferencial acima é:

$$y(t) = A\cos(\omega t) + B\,\mathrm{sen}(\omega t),$$

onde $\omega = \sqrt{k/m}$ e A e B são constantes reais. No problema, $y(0) = 0 \Rightarrow A = 0$ e portanto $y(t) = B\,\mathrm{sen}(\omega t)$, logo

$$y'(t) = B\omega\cos(\omega t) \Rightarrow y'(0) = B\omega = v_0 \Rightarrow B = v_0/\omega$$

Portanto, a solução do problema é:

$$y(t) = \frac{v_0}{\omega}\,\mathrm{sen}(\omega t).$$

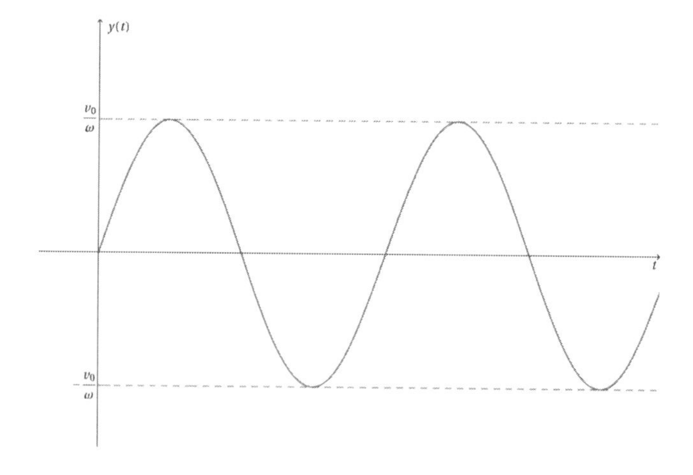

II. O oscilador harmônico amortecido, sem força externa.

$$\begin{cases} my'' + cy' + ky = 0, \\ y(0) = 0, \\ y'(0) = v_0, \end{cases}$$

ou equivalentemente,

$$\begin{cases} y'' + \dfrac{c}{m}y' + \dfrac{k}{m}y = 0, \\ y(0) = 0, \\ y'(0) = v_0, \end{cases}$$

o polinômio característico da equação é

$$p(\lambda) = \lambda^2 + \frac{c}{m}\lambda + \frac{k}{m}.$$

Caso 1: Se $c^2 - 4mk > 0$, o polinômio tem duas raízes reais distintas α_1 e α_2 e daí, a solução geral da equação é:

$$y(t) = Ae^{\alpha_1 t} + Be^{\alpha_2 t},$$

onde A e B são constates reais, mas

$$y(0) = A + B \Rightarrow A + B = 0 \Rightarrow B = -A \Rightarrow y(t) = A\left(e^{\alpha_1 t} - e^{\alpha_2 t}\right),$$

logo

$$y'(t) = A\left(\alpha_1 e^{\alpha_1 t} - \alpha_2 e^{\alpha_2 t}\right) \Rightarrow y'(0) = A\left(\alpha_1 - \alpha_2\right) = v_0 \Rightarrow A = \frac{v_0}{\alpha_1 - \alpha_2},$$

portanto a solução do problema é:

$$y(t) = \frac{v_0}{(\alpha_1 - \alpha_2)}(\alpha_1 e^{\alpha_1 t} - \alpha_2 e^{\alpha_2 t});$$

tendo em vista que

$$\frac{c}{m} > 0 \quad \text{e} \quad \frac{k}{m} > 0 \Rightarrow \alpha_1 < 0 \quad \text{e} \quad \alpha_2 < 0 \Rightarrow \lim_{t\to\infty} y(t) = 0.$$

Por outro lado têm-se que $y(t) \neq 0$, $\forall t \in \mathbb{R}$ e consequentemente o comportamento da solução $y(t)$ é:

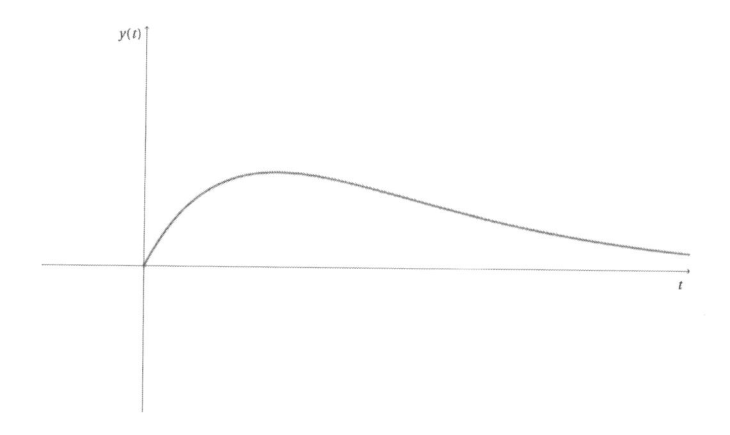

Caso 2: Se $c^2 - 4mk = 0$, o polinômio característico $P(\lambda)$ tem uma raiz real múltipla α e daí a solução da equação é:

$$y(t) = Ae^{\alpha t} + Bte^{\alpha t},$$

onde A e B são constantes reais, mas $\frac{c}{m} = -2\alpha \Rightarrow \alpha < 0$, mas $y(0) = A \Rightarrow A = 0$ e portanto

$$y(t) = Be^{\alpha t} \Rightarrow y'(t) = Bte^{\alpha t} + B\alpha te^{\alpha t} \Rightarrow y'(0) = B \Rightarrow B = v_0.$$

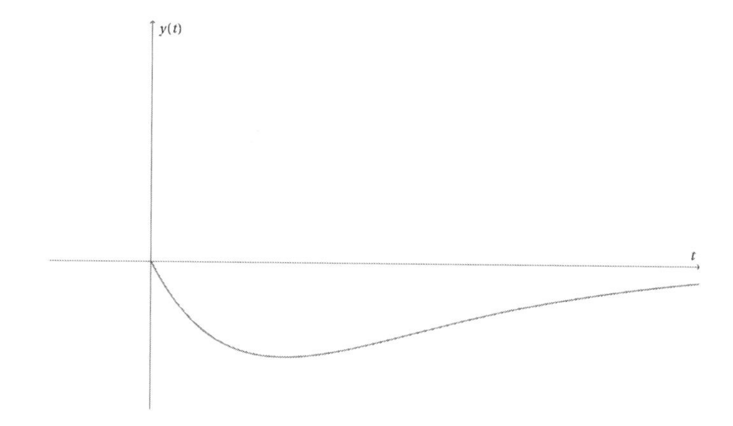

Caso 3: Se $c^2 - 4mk < 0$, o polinômio característico só tem raiz complexa $\alpha = a + bi$ e neste caso a solução é:

$$y(t) = Ae^{at}\cos(bt) + Be^{at}\operatorname{sen}(bt),$$

mas

$$y(0) = A = 0 \Rightarrow y(t) = Be^{at}\,\text{sen}(bt),$$

$$y'(t) = aBe^{at}\,\text{sen}(bt) + bBe^{at}\cos(bt) \Rightarrow y'(0) = v_0 = bB \Rightarrow B = \frac{v_0}{b},$$

daí têm-se que

$$y(t) = \frac{v_0}{b}e^{at}\,\text{sen}(bt).$$

As raízes do polinômio característico

$$P(\lambda) = m\lambda^2 + c\lambda + k$$

são:

$$\alpha = a + bi \quad \text{e} \quad \bar{\alpha} = a - bi.$$

Sabe-se que

$$\alpha + \bar{\alpha} = -\frac{c}{2m} < 0 \Rightarrow a < 0,$$

portanto,

$$\lim_{t\to\infty} y(t) = 0.$$

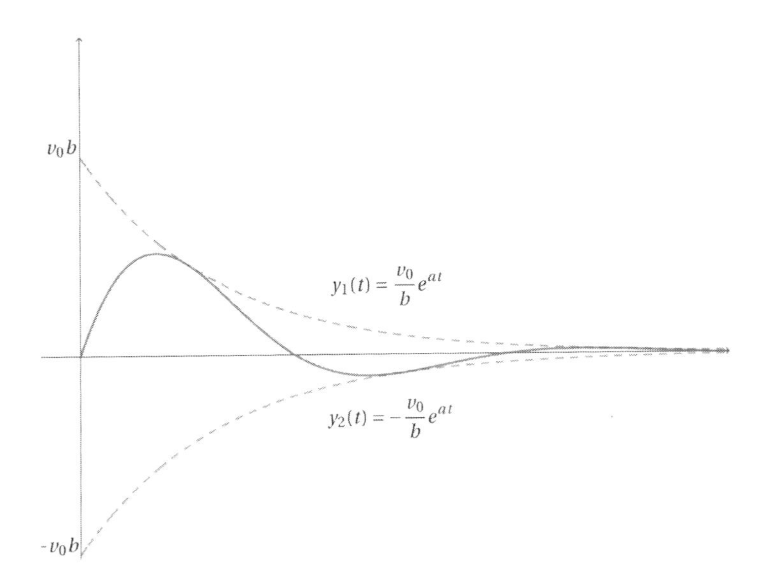

III. O oscilador harmônico forçado. Neste caso, vamos supor que a força externa seja periódica do tipo

$$h(t) = A\cos(\omega t),$$

onde A e ω são constantes reais positivas, e que o problema de valor inicial seja:

$$\begin{cases} my'' + cy' + ky = A\cos(\omega t), \\ y(0) = 0, \\ y'(0) = 0. \end{cases}$$

Caso 1: Oscilações forçadas não amortecidas, neste caso o problema toma a seguinte forma:

$$\begin{cases} y'' + \dfrac{k}{m}y = \dfrac{A}{m}\cos(\omega t), \\ y(0) = 0, \\ y'(0) = 0. \end{cases}$$

A solução geral da equação diferencial homogênea associada é:

$$y_G(t) = c_1\cos\left(\sqrt{\frac{k}{m}}t\right) + c_2\,\text{sen}\left(\sqrt{\frac{k}{m}}t\right).$$

Para achar uma solução particular da equação utilizaremos o método dos coeficientes à determinar. Temos

$$y_P(t) = a\cos(\omega t) + b\,\text{sen}(\omega t).$$

Substituindo-se na equação vem:

$$\left[-a\omega^2\cos(\omega t) - b\omega^2\,\text{sen}(\omega t)\right] + \frac{k}{m}\left[a\cos(\omega t) + b\,\text{sen}(\omega t)\right]$$
$$= \frac{A}{m}m\cos(\omega t),$$

e daí têm-se

$$a = \frac{A}{m}\frac{1}{\left(\frac{k}{m} - \omega^2\right)} \quad \text{se} \quad \frac{k}{m} \neq \omega^2,$$

$$b\left(\frac{k}{m}-\omega^2\right)=0 \Rightarrow b=0 \quad \text{se} \quad \frac{k}{m}\neq\omega^2,$$

portanto a equação tem uma solução particular do tipo

$$y_P(t)=\frac{A}{\left(\frac{k}{m}-\omega^2\right)m}\cos(\omega t) \quad \text{se} \quad \frac{k}{m}\neq\omega^2,$$

consequentemente, neste caso, a equação tem como solução geral:

$$y_G(t)=c_1\cos\left(\sqrt{\frac{k}{m}}t\right)+c_2\,\text{sen}\left(\sqrt{\frac{k}{m}}t\right)+\frac{A}{\left(\frac{k}{m}-\omega^2\right)m}\cos(\omega t),$$

$$y_G(0)=c_1+\frac{A}{\left(\frac{k}{m}-\omega^2\right)m}=0 \;\Rightarrow\; c_1=-\frac{A}{\left(\frac{k}{m}-\omega^2\right)m},$$

$$y'_G(t)=-c_1\sqrt{\frac{k}{m}}\,\text{sen}\left(\sqrt{\frac{k}{m}}t\right)+c_2\sqrt{\frac{k}{m}}\cos\left(\sqrt{\frac{k}{m}}t\right))-\frac{\omega A\,\text{sen}(\omega t)}{\left(\frac{k}{m}-\omega^2\right)m},$$

$$y'_G(0)=c_2\sqrt{\frac{k}{m}}=0 \;\Rightarrow\; c_2=0.$$

Portanto a solução procurada do problema é:

$$y(t)=\frac{A}{\left(\frac{k}{m}-\omega^2\right)m}\left[\cos(\omega t)-\cos\left(\sqrt{\frac{k}{m}}t\right)\right].$$

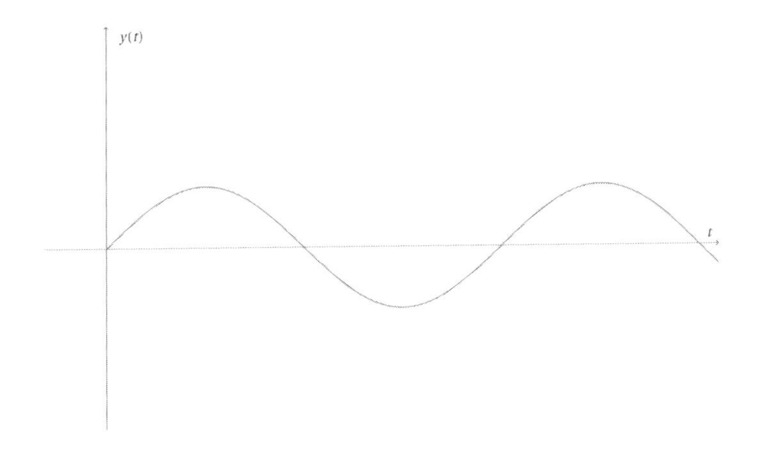

Caso 2: Se $\frac{k}{m} = \omega^2$, a equação tem uma solução particular do tipo:

$$y_P = \frac{A}{2\omega} t \cos(\omega t),$$

portanto a solução geral da equação é:

$$y_G(t) = c_1 \cos\left(\sqrt{\frac{k}{m}} t\right) + c_2 \operatorname{sen}\left(\sqrt{\frac{k}{m}} t\right) + \frac{At}{2\omega} \cos(\omega t),$$

$$y_G(0) = c_1 = 0,$$

logo

$$y_G(t) = c_2 \operatorname{sen}\left(\sqrt{\frac{k}{m}} t\right) + \frac{At}{2\omega} \cos(\omega t),$$

assim,

$$y_G'(t) = c_2 \sqrt{\frac{k}{m}} \cos\left(\sqrt{\frac{k}{m}} t\right) + \frac{A}{2\omega} \cos(\omega t) - \frac{At}{2} \operatorname{sen}(\omega t),$$

portanto

$$y'_G(0) = c_2 \sqrt{\frac{k}{m}} + \frac{A}{2\omega} = 0,$$

$$c_2 = -\frac{A}{2\omega\sqrt{\frac{k}{m}}}.$$

Consequentemente, a solução do problema é:

$$y(t) = -\frac{A}{2\omega\sqrt{\frac{k}{m}}} \operatorname{sen}\left(\sqrt{\frac{k}{m}} t\right) + \frac{At}{2\omega} \cos(\omega t).$$

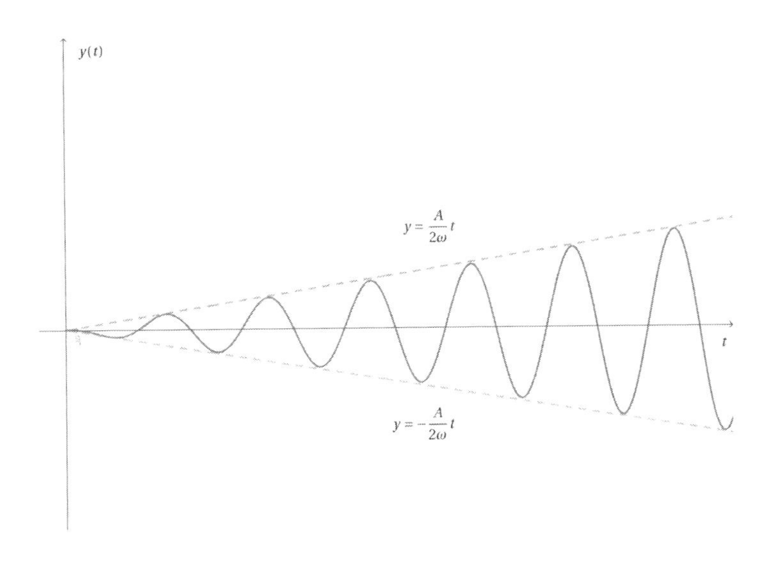

Exercícios

1. Ache a transformada de Laplace de cada uma das funções seguintes:

   (a) $f(t) = e^{2t}\,\text{sen}(t);\ t \in \mathbb{R}.$

   (b) $f(t) = 3e^{-t}\cos(2t);\ t \in \mathbb{R}.$

   (c) $f(t) = t^3\,\text{sen}(3t);\ t \in \mathbb{R}.$

   (d) $f(t) = t^2 e^t \cos(t);\ t \in \mathbb{R}.$

   (e) $f(t) = e^{-3t}\cos(2t+4);\ t \in \mathbb{R}.$

   (f) $f(t) = \begin{cases} 0 & \text{se } t < \frac{1}{2}, \\ 1+t & \text{se } t \geq \frac{1}{2}. \end{cases}$

   (g) $f(t) = \begin{cases} t & \text{se } t < 2, \\ 2 & \text{se } t \geq 2. \end{cases}$

   (h) $\text{sen}(t)\cos(t);\ t \in \mathbb{R}.$

   (i) $f(t) = |\text{sen}(t)|.$

   (j) $f(t) = n + 1;\ \text{se } n < t \leq n+1,\ n \in \mathbb{N}.$

2. Ache a transformada inversa de Laplace de cada uma das funções seguintes:

(a) $\varphi(s) = \frac{1}{s(1+s)}$, $s > 0$.

(b) $\varphi(s) = \frac{3}{(s-1)^2}$, $s > 1$.

(c) $\varphi(s) = \frac{1}{s(s+2)^2}$, .

(d) $\varphi(s) = \frac{5}{s^2(s-5)^2}$.

(e) $\varphi(s) = \frac{1}{(s-a)(s-b)}$.

(f) $\varphi(s) = \frac{2s}{(s^2+1)^2}$.

(g) $\varphi(s) = \frac{1}{s^2+4s+29}$.

(h) $\varphi(s) = \frac{2s^3}{(s^2+1)^3}$.

(i) $\varphi(s) = \frac{1}{s^4+1}$.

3. Resolva cada um dos problemas de valor inicial seguintes:

(a) $y'' + 2y' + y = e^t$; $y(0) = y'(0) = 0$.

(b) $y'' - 4y' + 4y = 2e^{2t} + \cos(t)$; $y(0) = \frac{3}{25}$ e $y'(0) = -\frac{4}{25}$.

(c) $y'' + y = 1 + x^2$; $y(\pi) = \pi^2$ e $y'(\pi) = 2\pi$.

(d) $y'' + y = t\,\mathrm{sen}(t)$; $y(0) = 0$ e $y'(0) = 1$.

4. Usando a fórmula de convolução, ache a transformada inversa de Laplace de cada uma das funções seguintes:

(a) $\varphi(s) = \frac{s}{(s^2+1)^2}$.

(b) $\varphi(s) = \frac{1}{s^2(s+1)}$.

(c) $\varphi(s) = \frac{1}{(s-a)(s-b)}$; $a \neq b$.

5. Obtenha a convolução de cada uma das funções seguintes:

(a) $e^{at} * e^{bt}$; $a \neq b$.

(b) $t * \cos(at)$; $a \neq 0$.

(c) $\mathrm{sen}(at) * \cos(at)$; $a \neq 0$.

(d) $t * e^{at}$

6. Seja $\varphi_\alpha : \mathbb{R} \to \mathbb{R}$ a função definida por:

$$\varphi_\alpha(x) = \begin{cases} 0 & \text{se } x < \alpha, \\ 1 & \text{se } x \geq \alpha. \end{cases}$$

Mostre que

$$\mathcal{L}[\varphi_\alpha](s) = \frac{e^{-\alpha s}}{s}.$$

7. A posição de um sistema massa mola é descrito pelo problema de valor inicial $\frac{3}{2}y'' + ky = 0$; $y(0) = 2$ e $y'(0) = v_0$. Determine os valores de k e de v_0 se o período e a amplitude do movimentos são respectivamente π e 3.

8. Se um circuito RLC em série tem um capacitor com $C = 0,8 \cdot 10^{-5}F$ e um indutor com $0,2H$; ache a resistência R afim de que o circuito esteja criticamente amortecido.

4

Séries de Potências e Equações Diferenciais Analíticas

Os métodos de resolução de equações diferenciais lineares apresentados nas seções anteriores não são eficientes no caso em que os coeficientes da equação são variáveis.

O método das séries de potências que exporemos neste capítulo é indicado quando os coeficientes e o termo independe da equação são funções analíticas; e neste caso a solução é obtida sob a forma de uma série de potências.

4.1 Série de potências e função analítica

Série de potências. Seja $f : I \subset \mathbb{R} \to \mathbb{R}$ uma função de classe C^∞ em I a série

$$\sum_{n=0}^{\infty} \frac{f^{(n)}(x_0)}{n!}(x - x_0)^n = f(x_0) + f'(x_0)(x - x_0) + \frac{f''(x_0)}{2!}(x - x_0)^2 + \frac{f'''(x_0)}{3!}(x - x_0)^3 + \cdots + \frac{f^{(n)}(x_0)}{n!}(x - x_0)^n + \cdots$$

é chamada de *série de potências* da função f em torno do ponto $x_0 \in I$.

Função analítica. A função $f : I \subset \mathbb{R} \to \mathbb{R}$, onde $I \subset \mathbb{R}$ é um intervalo aberto, é *analítica* em I se para todo $x_0 \in I$ a série de potência $\sum_{n=0}^{\infty} \frac{f^{(n)}(x_0)}{n!} (x - x_0)^n$ for convergente em algum intervalo do tipo $x_0 - \delta < x < x_0 + \delta$ para algum $\delta > 0$ e além disso tem-se que

$$f(x) = \sum_{n=0}^{\infty} \frac{f^{(n)}(x_0)}{n!}(x - x_0)^n.$$

Exemplo 4.1 A função $f : (-1, 1) \to \mathbb{R}$ definida por $f(x) = \frac{1}{1-x}$ é analítica em todo o seu domínio e além disso

$$f(x) = \sum_{n=0}^{\infty} x^n,$$

válida para todo x.

Exemplo 4.2 A função $f : \mathbb{R} \to \mathbb{R}$ definida por $f(x) = \mathsf{sen}(x)$ é analítica em $\mathbb{R}$ e além disso

$$f(x) = \sum_{n=0}^{\infty} \frac{(-1)^n x^{2n+1}}{(2n + 1)!},$$

valida para todo $x \in \mathbb{R}$.

Proposição 4.3 *Toda série de potências $\sum_{n=0}^{\infty} a_n (x - x_0)^n$ é convergente em algum intervalo do tipo $I = (x_0 - \delta, x_0 + \delta)$ para algum $\delta > 0$.*

DEMONSTRAÇÃO: Fixado $x \in \mathbb{R}$, seja $b_n = a_n (x - x_0)^n$ considere a série numérica $\sum_{n=0}^{\infty} b_n$. Pelo teste da razão esta série converge se $\lim_{n\to\infty} \frac{|b_{n+1}|}{|b_n|} = L$, com $L < 1$. Mas

$$\frac{|b_{n+1}|}{|b_n|} = \frac{|a_{n+1}|}{|a_n|} \frac{1}{|x - x_0|} \Rightarrow \lim_{n\to\infty} \frac{|b_{n+1}|}{|b_n|} = \lim_{n\to\infty} \frac{|a_{n+1}|}{|a_n|} \frac{1}{|x - x_0|}.$$

É sempre possível tomar $\delta > 0$ de modo que se

$$|x - x_0| < \delta \Rightarrow \lim_{n\to\infty} \frac{|a_{n+1}|}{|a_n|} \frac{1}{|x - x_0|} < 1$$

e portanto para este $\delta > 0$, tem-se que

$$\lim_{n\to\infty} \frac{|b_{n+1}|}{|b_n|} < 1 \Rightarrow \sum_{n=0}^{\infty} b_n$$

é convergente e consequentemente $\sum_{n=0}^{\infty} a_n (x - x_0)^n$ é convergente em $I = (x_0 - \delta, x_0 + \delta)$. □

4.2 Derivação e integração de série de potências

Teorema 4.4 *Seja $f(x) = \sum_{n=0}^{\infty} a_n (x - x_0)^n$ uma série de potências (função analítica), convergente para todo x no intervalo $(x_0 - r, x_0 + r)$, onde $r > 0$. A série $\sum_{n=0}^{\infty} a_n (x - x_0)^n$ pode ser derivada termo a termo bem como integrada termo a termo no intervalo $(x_0 - r, x_0 + r)$, isto é:*

(i) $f'(x) = \sum_{n=1}^{\infty} n a_n (x - x_0)^{n-1}$.

(ii) $\int f(x)\,dx = \sum_{n=0}^{\infty} a_n \frac{(x - x_0)^{n+1}}{(n+1)}$.

Observação. A demonstração deste teorema não faz parte dos objetos deste livro.

Exemplo 4.5 A função $f : \mathbb{R} \to \mathbb{R}$ dada por $f(x) = \operatorname{sen}(x)$ é analítica em $\mathbb{R}$ e a sua representação em série de potência em torno do ponto $x_0 = 0$ é:

$$\operatorname{sen}(x) = \sum_{n=0}^{\infty} \frac{(-1)^n x^{2n+1}}{(2n+1)!} = x - \frac{x^3}{3!} + \frac{x^5}{5!} - \ldots + \frac{(-1)^n x^{2n+1}}{(2n+1)!} + \ldots.$$

Derivando esta série termo a termo tem-se

$$\left[\sum_{n=0}^{\infty} \frac{(-1)^n x^{2n+1}}{(2n+1)!}\right]' = \left[x - \frac{x^3}{3!} + \frac{x^5}{5!} - \ldots + \frac{(-1)^n x^{2n+1}}{(2n+1)!} + \ldots\right]'$$
$$= 1 - \frac{x^2}{2!} + \frac{x^4}{4!} - \ldots + \frac{(-1)^n x^{2n}}{(2n)!} + \ldots$$

$$= \sum_{n=0}^{\infty} \frac{(-1)^n x^{2n}}{(2n)!}.$$

Visto que $\frac{d}{dx}\,\text{sen}(x) = \cos(x)$, concluí-se que

$$\cos(x) = \sum_{n=0}^{\infty} \frac{(-1)^n x^{2n}}{(2n)!}.$$

Exemplo 4.6 Considere a série de potências

$$\sum_{n=0}^{\infty} \frac{(-1)^n x^{2n}}{(2n)!} = 1 - \frac{x^2}{2!} + \frac{x^4}{4!} - \frac{x^6}{6!} + \ldots + \frac{(-1)^n x^{2n}}{(2n)!} + \ldots.$$

Integrando-se termo a termo esta série vem:

$$\int \sum_{n=0}^{\infty} \frac{(-1)^n x^{2n}}{(2n)!}\, dx = x - \frac{x^3}{3!} + \frac{x^5}{5!} - \frac{x^7}{7!} + \ldots + \frac{(-1)^n x^{2n+1}}{(2n+1)!} + \ldots$$

$$= \sum_{n=0}^{\infty} \frac{(-1)^n x^{2n+1}}{(2n+1)!} = \text{sen}(x).$$

Observação. A função $f : \mathbb{R} \to \mathbb{R}$ dada por $f(x) = e^{-1/x^2}$, para $x \neq 0$ e $f(0) = 0$ é de classe C^∞ em todo ponto $x_0 \in \mathbb{R}$; não é difícil verificar que $f^n(0) = 0$, $\forall n \in \mathbb{N}$ e portanto à série $\sum_{n=0}^{\infty} \frac{f^n(0)}{n!} x^n = 0$, consequentemente esta função não é analítica no ponto $x_0 = 0$.

4.3 Equação diferencial linear com coeficientes analíticos

O estudo das equações diferenciais lineares com coeficientes variáveis é extremamente complicado; não existe, como no caso dos coeficientes constantes, um método adequado para tratar este problema; por esta razão trataremos neste capítulo das equações diferenciais lineares analíticas, isto é, aquelas cujos coeficientes são funções analíticas.

4.3.1 O método de Euler-Cauchy

Para encontrar solução analítica $y(x) = \sum_{n=1}^{\infty} a_n (x - x_0)^n$ de uma equação diferencial linear com coeficientes analíticos:

$$y^{(n)} + a_{n-1}(x)y^{(n-1)} + \cdots + a_1(x)y' + a_0(x)y = h(x).$$

Recorremos ao *método de Euler-Cauchy* que consiste em se obter um sistema (infinito) de equações lineares que possibilitem achar os coeficientes $a_{n's}$ da série que determina a solução analítica. Dada a dificuldade formal da apresentação do método faremos a sua introdução através de dois exemplos:

Exemplo 4.7 Achar as soluções da equação diferencial:

$$y'' + xy' + y = 0.$$

SOLUÇÃO: Observe que a equação acima é analítica em $\mathbb{R}$ e portanto tem solução analítica do tipo:$y(x) = \sum_{n=0}^{\infty} a_n x^n$, válida para todo $x \in \mathbb{R}$, calculando-se $y'(x)$ e $y''(x)$ e substituindo-se na equação vem:

$$\sum_{n=2}^{\infty} n(n-1) a_n x^{n-2} + x \sum_{n=1}^{\infty} n a_n x^{n-1} + \sum_{n=0}^{\infty} a_n x^n = 0$$
$$\Rightarrow \sum_{n=2}^{\infty} n(n-1) a_n x^{n-2} + \sum_{n=1}^{\infty} n a_n x^n + \sum_{n=0}^{\infty} a_n x^n = 0.$$

Observe que

$$\begin{aligned}\sum_{n=2}^{\infty} n(n-1)x^{n-2} &= \sum_{j=0}^{\infty}(j+2)(j+1)a_{j+2}x^j \\ &= \sum_{n=0}^{\infty}(n+2)(n+1)a_{n+2}x^n \\ &= 2a_2 + \sum_{n=1}^{\infty}(n+1)(n+2)a_{n+2}x^n\end{aligned}$$

(aqui fez-se $n - 2 = j$). Daí tem-se:

$$2a_2 + \sum_{n=1}^{\infty}(n+1)(n+2)a_{n+2}x^n + \sum_{n=1}^{\infty} n a_n x^n + \sum_{n=0}^{\infty} a_n x^n$$
$$= a_0 + 2a_2 + \sum_{n=1}^{\infty}(n+1)\left[(n+2)a_{n+2} + a_n\right]x^n = 0.$$

Donde se conclui que:

$$\begin{cases} a_0 + 2a_2 = 0, \\ (n+2)a_{n+2} + a_n = 0. \end{cases}$$

O sistema de equações permite recursivamente obter-se a_{n+2} em termos de a_n.

Tabela 4.1 — Tabela Recursiva.

n **par**	n **ímpar**
a_0	a_1
$a_2 = -\frac{a_0}{2}$	$a_3 = -\frac{a_1}{3}$
$a_4 = \frac{a_0}{4 \cdot 2}$	$a_5 = \frac{a_1}{5 \cdot 3}$
$a_6 = -\frac{a_0}{6 \cdot 4 \cdot 2}$	$a_7 = -\frac{a_1}{7 \cdot 5 \cdot 3}$
$\vdots$	$\vdots$
$a_{2n} = \frac{(-1)^n a_0}{(2n)(2n-2)\ldots 4 \cdot 2}$	$a_{2n+1} = \frac{(-1)^n a_1}{(2n+1)(2n-1)\ldots 5 \cdot 3}$

Consequentemente a solução $y(x)$ tem a seguinte forma:

$$y(x) = a_0\left[1 + \sum_{n=1}^{\infty}\frac{(-1)^n x^{2n}}{(2n)(2n-2)\cdots 4 \cdot 2}\right]$$
$$+ a_1\left[x + \sum_{n=1}^{\infty}\frac{(-1)^n x^{2n+1}}{(2n+1)(2n-1)\cdots 5 \cdot 3}\right].$$

□

Exemplo 4.8 (Equação de Legendre) Encontre a solução da equação de Legendre:

$$(1 - x^2)y'' - 2xy' + \lambda(\lambda + 1)y = 0,$$

onde $x \in (-1, 1)$ e $\lambda \in \mathbb{R}$ fixado.

Solução: Observe que a equação de Legendre acima é analítica e estar sob a forma normal no intervalo $(-1, 1)$ e portanto as suas soluções são funções analíticas que podem ser expressas sob a forma:

$$y(x) = \sum_{n=0}^{\infty} a_n x^n.$$

Calculando-se $y'(x)$ e $y''(x)$ e substituindo-se na equação vem:

$$\left(1 - x^2\right) \sum_{n=2}^{\infty} n\,(n-1)\,x^{n-2} - 2x \sum_{n=1}^{\infty} n a_n x^{n-1} + \lambda\,(\lambda + 1) \sum_{n=0}^{\infty} a_n x^n = 0,$$

ou, equivalentemente,

$$\sum_{n=2}^{\infty} n\,(n-1)\,a_n x^{n-2} - \sum_{n=2}^{\infty} n\,(n-1)\,a_n x^n$$
$$- \sum_{n=1}^{\infty} 2n a_n x^n + \sum_{n=0}^{\infty} \lambda\,(\lambda+1)\,a_n x^n = 0.$$

Fazendo-se as mudanças de índices nos somatórios e agrupando-se os termos semelhantes, a expressão acima toma a seguinte forma:

$$\sum_{n=0}^{\infty} (n+2)\,(n+1)\,a_{n+2} x^n + \sum_{n=2}^{\infty} \left[\lambda\,(\lambda+1) - 2n - n\,(n-1)\right] a_n x^n$$
$$+ \lambda\,(\lambda+1)\,(a_0 + a_1 x) - 2a_1 x = 0.$$

Mas

$$\lambda(\lambda + 1) - 2n - n(n-1) = (\lambda + n + 1)(\lambda - n),$$

e daí a expressão acima pode ser reescrita sob a forma:

$$2a_2 + \lambda\,(\lambda+1)\,a_0 + \left[(\lambda+2)\,(\lambda-1)\,a_1 + 6a_3\right] x$$

$$+\sum_{n=2}^{\infty}\left[(n+2)(n+1)a_{n+2}+(\lambda+n+1)(\lambda-n)a_n\right]x^n=0.$$

E consequentemente tem-se o sistema:

$$\begin{cases}2a_2+\lambda(\lambda+1)a_0=0,\\(\lambda+2)(\lambda-1)a_1+6a_3=0,\\(n+2)(n+1)a_{n+2}+(\lambda+n+1)(\lambda-n)a_n=0, \qquad n\geq 2.\end{cases}$$

O sistema de equações acima proporciona uma fórmula de recorrência que permite expressar os $a_{n's}$ em termos de a_0 e a_1. De fato:

(i) Para n par tem-se

$$a_2=-\frac{\lambda(\lambda+2)}{2!}a_0,$$
$$a_4=\frac{(\lambda+3)(\lambda+1)\lambda(\lambda-2)}{4!}a_0,$$
$$a_6=-\frac{(\lambda+5)(\lambda+3)(\lambda+1)\lambda(\lambda-2)(\lambda-4)}{6!}a_0.$$

E de modo geral

$$a_{2n}=\frac{(-1)^n\left[(\lambda+2n-1)(\lambda+2n-3)\cdots(\lambda+1)(\lambda-2)\cdots(\lambda-2n+2)\right]}{(2n)!}a_0.$$

(ii) Para n ímpar tem-se

$$a_3=-\frac{(\lambda+2)(\lambda-1)}{3!}a_1,$$
$$a_5=\frac{(\lambda+4)(\lambda+2)(\lambda-1)(\lambda-3)}{5!}a_1,$$
$$a_7=-\frac{(\lambda+6)(\lambda+4)(\lambda+2)(\lambda-1)(\lambda-3)(\lambda-5)}{7!}a_1.$$

E de modo geral tem-se

$$a_{2n+1}=\frac{(-1)^n\left[(\lambda+2n)(\lambda+2n-2)\cdots(\lambda+1)(\lambda-1)\cdots(\lambda-2n+1)\right]}{(2n+1)!}a_1.$$

Consequentemente a solução da equação diferencial é da forma:

$$y(x) = a_0 y_1(x) + a_1 y_2(x),$$

onde

$$y_1(x) = \sum_{n=1}^{\infty} (-1)^n \frac{(\lambda + 2n - 1)\cdots(\lambda + 1)\lambda(\lambda - 2)\cdots(\lambda - 2n - 2)]}{(2n)!} x^{2n} + 1,$$

$$y_2(x) = \sum_{n=1}^{\infty} (-1)^n \frac{(\lambda + 2n)\cdots(\lambda + 2)(\lambda - 1)\cdots(\lambda - 2n + 1)}{(2n + 1)!} x^{2n+1} + x.$$

□

4.3.2 O método de Frobenius

Os problemas abordados através do método de Euler–Cauchy se limitam a equações analíticas definidas em intervalos nos quais as equações são normais. Com o *método de Frobenius* abandonaremos esta restrição, para um grupo especial de equações diferenciais lineares de segunda ordem.

Ponto singular. $x_0 \in \mathbb{R}$ é um *ponto singular* da equação

$$p(x)y'' + q(x)y' + r(x)y = h(x) \quad \text{se} \quad p(x_0) = 0.$$

Exemplo 4.9 $x_0 = 0$ é um ponto singular da equação

$$x^2 y'' + axy' + by = h(x).$$

Ponto singular regular. $x_0 \in \mathbb{R}$ diz-se um *ponto singular regular* da equação

$$p(x)y'' + q(x)y' + r(x)y = h(x)$$

se for possível reescrever esta equação sob a forma:

$$(x - x_0)^2 y'' + (x - x_0)a(x)y' + b(x)y = f(x),$$

onde as funções $a(x)$, $b(x)$ e $f(x)$ são analíticas em I.

Exemplo 4.10 $x_0 = 0$ é um ponto regular da equação

$$x^3 y'' + x^2 y' + x(1 + y^2)y = x\cos(x).$$

Observação. O grupo especial de equações diferenciais lineares de segunda ordem para o qual se utilizará o método de Frobenius é o grupo das equações que apresentam um ponto singular regular.

Teorema 4.11 *Seja*

$$x^2y'' + x\,a(x)y' + b(x)y = 0,$$

onde $a(x)$ *e* $b(x)$ *são funções analíticas num intervalo aberto contendo a origem; se* $\alpha \in \mathbb{C}$ *for uma raiz da equação* $I(t) = t(t-1) + a(0)t + b(0) = 0$*, então a função* $y_1(x) = |x|^\alpha \sum_{n=0}^{\infty} a_n x^n$*, onde os* a_n*'s são contates reais, determinadas convenientemente, satisfaz formalmente a equação*

$$x^2y'' + xa(x)y' + b(x)y = 0.$$

Demonstração: Seja $\alpha \in \mathbb{C}$; $I(\alpha) = 0$ e suponha que $x > 0$. Seja $y_1(x) = x^\alpha \sum a_n x^n$, $a_0 \neq 0$ substituindo-se $y_1(x)$ na equação e impondo que esta função satisfaz formalmente a equação obtêm-se, fixando-se um valor para a_0, uma fórmula de recorrência que permite calcular os $a_{n's}$, para cada $n \geq 1$. De fato,

$$y_1(x) = x^\alpha \sum_{n=0}^{\infty} a_n x^n = \sum_{n=0}^{\infty} a_n x^{n+\alpha}.$$

Daí segue que:

$$y'(x) = \sum_{n=0}^{\infty} (\alpha + n)\, a_n x^{n+\alpha-1},$$

$$y''(x) = \sum_{n=0}^{\infty} (\alpha + n)(\alpha + n - 1)\, a_n x^{n+\alpha-2}.$$

Substituindo-se na equação vem:

$$\sum_{n=0}^{\infty} (\alpha + n)(\alpha + n - 1)\, a_n x^{\alpha+n} + a(x) \sum_{n=0}^{\infty} (\alpha + n)\, a_n x^{\alpha+n} + b(x) \sum_{n=0}^{\infty} a_n x^n = 0.$$

Visto que as funções $a(x)$ e $b(x)$ são analíticas tem-se:

$$a(x) = \sum_{j=0}^{\infty} q_j x^j, \quad b(x) = \sum_{j=0}^{\infty} r_j x^j.$$

Levando-se estas expressões de $a(x)$ e de $b(x)$ na equação acima vem:

$$\sum_{n=0}^{\infty} (\alpha+n)(\alpha+n-1) a_n x^{\alpha+n} + \sum_{j=0}^{\infty} q_j x^j \sum_{n=0}^{\infty} (\alpha+n) a_n x^{\alpha+n} + \sum_{j=0}^{\infty} r_j x^j \sum_{n=0}^{\infty} a_n x^n = 0.$$

Efetuando-se os produtos das séries vem:

$$\sum_{n=0}^{\infty} (\alpha+n)(\alpha+n-1) a_n x^{\alpha+n} + \sum_{n=0}^{\infty} \left[\sum_{j=0}^{\infty} (\alpha+j) q_{n-j} a_j \right] x^{\alpha+n} + \sum_{n=0}^{\infty} \left[\sum_{j=0}^{\infty} r_{n-j} a_j \right] x^{\alpha+n} = 0,$$

ou ainda:

$$x^{\alpha} \sum_{n=0}^{\infty} \left[\begin{array}{l} \{(\alpha+n)(\alpha+n-1) + (n+\alpha) q_0 + r_0\} a_n \\ \qquad + \sum_{j=0}^{n-1} [(\alpha+j) q_{n-j} a_j + a_j r_{n-j}] \end{array} \right] x^n = 0.$$

Para $n = 0$ e $a_0 \neq 0$ tem-se

$$\alpha(\alpha-1) + \alpha q_0 + r_0 = I(\alpha) = 0,$$

daí segue para todo $n \geq 1$:

$$[(n+\alpha)(n+\alpha-1) + (n+\alpha) q_0 + r_0] a_n + \sum_{j=0}^{n-1} [(\alpha+j) q_{n-j} a_j + a_j r_{n-j}] = 0,$$

ou seja, se $I(n+\alpha) \neq 0$, para $n = 1, 2, 3, \ldots$, tem-se:

$$a_n = -\frac{1}{I(\alpha+j)} \sum_{j=0}^{n-1} [(\alpha+j) q_{n-j} a_j + a_j r_{n-j}],$$

onde $I(\alpha + n) = (n + \alpha)(n + \alpha - 1) + (n + \alpha)q_0 + r_0$, e a expressão acima fornece uma fórmula de recorrência para obter a_n em função de $a_1, a_2, a_3, \ldots, a_{n-1}$ □

Corolário 4.12 *Se a equação indicial* $I(t) = t(t-1) + a(0)t + b(0)$ *tem uma raiz múltipla* $\alpha \in \mathbb{R}$, *então a função*

$$y_2(x) = x^\alpha \sum_{n=0}^{\infty} a_n x^n + y_1(x) \log(x), \qquad x > 0,$$

é uma solução da equação L.I. com a solução $y_1(x)$.

Exercícios

1. Expresse a solução geral de cada uma das equações seguintes como uma série de potências em torno do ponto $x_0 = 0$.

   (a) $y'' - 3xy = 0$.

   (b) $(x^2 + 1)y'' - 6y = 0$.

   (c) $y'' - 3xy' - y = 0$.

2. Resolva o problema de valor inicial:

$$\begin{cases} y'' + xy' - 2y = e^x, \\ y(0) = y'(0) = 0. \end{cases}$$

3. Ache a solução, em torno do ponto singular regular $x_0 = 0$, para cada uma das equações abaixo:

   (a) $x^2y'' + 2xy' + xy = 0$.

   (b) $x^2y'' + 3xy' + (1 + x)y = 0$.

4. Determine a forma de duas soluções linearmente independentes, em torno do ponto x_0, para a equação $x^2y'' + xy' + (x^2 - p^2)y = 0$.

5. Seja $y(x,t) = \sum_{n=0}^{\infty} a_n x^{n+t}$, $t \in \mathbb{R}$, $0 \leq x \leq \infty$ e seja $L = x^2D^2 + xq(x) + r(x)$ operador diferencial linear de 2ª ordem. Mostre que:

$$\frac{\partial}{\partial t}\left[L(y(x,t))\right] = L\left[\frac{\partial}{\partial t} y(x,t)\right].$$

6. verifique que a equação diferencial $x^3y'' + y = 0$ não tem solução, não trivial, da forma $y(x) = x^t \sum_{n=0}^{\infty} a_n x^n$ para todo $t \in \mathbb{R}$.

7. $y(x) = x$ é uma solução particular da equação

$$(1 - x^2)y'' - 2xy' + 2y = 0.$$

Use esta solução e o método da variação dos parâmetros para reduzir a ordem da equação acima e em seguida ache uma segunda solução desta equação linearmente com a solução dada.

8. Transforme a equação de Euler $4x^2y'' - 8xy' + 9y = 0$ numa equação com coeficientes constantes.

5

Sistemas de Equações Diferenciais

5.1 Definição e exemplos de sistema

Sejam $\mathbb{D} \subset \mathbb{R}^n$ um conjunto aberto, $I \subset \mathbb{R}$ um intervalo aberto. Um *sistema de equações diferenciais ordinárias* normal de ordem 1 sobre $I \times \mathbb{D}$ é um sistema de equações do tipo:

$$\begin{cases} \dfrac{dy_1}{dx} = f_1(x, Y), \\ \dfrac{dy_2}{dx} = f_2(x, Y), \\ \dots\dots\dots\dots\dots, \\ \dfrac{dy_n}{dx} = f_n(x, Y), \end{cases} \qquad (*)$$

onde $x \in I$, $Y = (y_1, y_2, \dots, y_n) \in \mathbb{D}$, $f = (f_1, f_2, \dots, f_n) : I \times \mathbb{D} \to \mathbb{R}^n$ é uma função vetorial contínua.

Solução de um sistema de equações diferenciais. Uma *solução do sistema* $(*)$ é uma função vetorial $Y \cong (y_1, \dots, y_n) : I \subset \mathbb{R} \to \mathbb{R}^n$ que satisfaz a todas as equações do sistema a todas as equações do sistema; isto é:

$$\begin{cases} \dfrac{dy_1}{dx} = f_1\left(x, y_1\left(x\right), y_2\left(x\right), \ldots, y_n\left(x\right)\right), \\ \dfrac{dy_2}{dx} = f_2\left(x, y_1\left(x\right), y_2\left(x\right), \ldots, y_n\left(x\right)\right)), \\ \ldots\ldots\ldots\ldots\ldots\ldots\ldots\ldots\ldots\ldots\ldots\ldots, \\ \dfrac{dy_n}{dx} = f_n\left(x, y_1\left(x\right), y_2\left(x\right), \ldots, y_n\left(x\right)\right), \end{cases}$$

para todo $x \in I$.

Exemplo 5.1 Considere o sistema de equações diferenciais abaixo:

$$\begin{cases} \dfrac{dx}{dt} = x + y, \\ \dfrac{dy}{dt} = 4x + y. \end{cases}$$

É fácil ver que a função vetorial $Y(t) = (e^{3t}, 2e^{3t})$, $t \in \mathbb{R}$ é uma solução do sistema

Forma matricial do sistema (*). Fazendo

$$Y \cong (y_1, y_2, \ldots, y_n)^t = \begin{bmatrix} y_1 \\ y_2 \\ \vdots \\ y_n \end{bmatrix}, \qquad f \cong (f_1, f_2, \ldots, f_n)^t = \begin{bmatrix} f_1 \\ f_2 \\ \vdots \\ f_n \end{bmatrix}$$

$$\frac{dY}{dx} = \begin{bmatrix} \frac{dy_1}{dx} \\ \frac{dy_2}{dx} \\ \vdots \\ \frac{dy_n}{dx} \end{bmatrix},$$

o sistema $(*)$ toma a forma

$$\frac{dY}{dx} = f(x, Y).$$

Teorema 5.2 (De existência e Unicidade) *Se as funções* $f_j : I \times \mathbb{D} \to \mathbb{R}$ *e* $\frac{\partial f_j}{\partial y_k} : I \times \mathbb{D} \to \mathbb{R}$ *forem contínuas no ponto* $(x_0, y_0) \in I \times \mathbb{D}$, *então o problema de valor inicial*

$$\begin{cases} \dfrac{dY}{dx} = f(x, Y), \\ Y(x_0) = Y_0, \end{cases}$$

tem solução única definida em algum intervalo aberto $\mathbb{J} \subset I$ *contendo o ponto* x_0.

Observação. O teorema é uma versão vetorial do teorema de Picard, demonstrado no capítulo 1, teorema 1.23, página 18.

5.2 Sistema de equações diferenciais lineares de 1ª ordem

É todo sistema de equações diferenciais do tipo:

$$\begin{cases} \dfrac{dy_1}{dx} = a_{11}(x) y_1 + \cdots + a_{1n}(x) y_n + b_1(x), \\ \dfrac{dy_2}{dx} = a_{21}(x) y_1 + \cdots + a_{2n}(x) y_n + b_2(x), \\ \cdots\cdots\cdots\cdots\cdots\cdots\cdots\cdots\cdots\cdots\cdots, \\ \dfrac{dy_n}{dx} = a_{n1}(x) y_1 + \cdots + a_{nn}(x) y_n + b_n(x), \end{cases}$$

onde as funções $a_{ij} : I \subset \mathbb{R} \to \mathbb{R}$ e $b_j : I \subset\to \mathbb{R}$ são contínuas.

Forma matricial do sistema linear. Fazendo

$$Y = \begin{bmatrix} y_1 \\ \vdots \\ y_n \end{bmatrix}, \quad B = \begin{bmatrix} b_1 \\ \vdots \\ b_n \end{bmatrix} \quad \text{e} \quad A(x) = \begin{bmatrix} a_{11}(x) & \cdots & a_{1n}(x) \\ \vdots & \ddots & \vdots \\ a_{n1}(x) & \cdots & a_{nn}(x) \end{bmatrix},$$

o sistema de equações diferenciais lineares toma a seguinte forma:

$$\frac{dY}{dx} = A(x) \cdot Y + B(x)$$

que é chamada de forma matricial do sistema.

Corolário 5.3 (Ao teorema de existência e unicidade) *O problema de valor inicial*

$$\begin{cases} \dfrac{dY}{dx} = A(x)Y, \\ Y(x_0) = Y_0, \end{cases}$$

tem uma única solução definida no intervalo $I \subset \mathbb{R}$.

Corolário 5.4 *O conjunto das soluções do sistema de equações diferencias lineares homogêneo* $\frac{dY}{dx} = A(x)Y$ *é um subespaço vetorial de dimensão* n *do espaço das funções vetoriais diferenciáveis definidas no intervalo* $I \subset \mathbb{R}$.

5.3 Sistema de equações diferenciáveis lineares com coeficientes constantes

É todo sistema de equações diferenciáveis lineares do tipo:

$$\begin{cases} \dfrac{dy_1}{dx} = a_{11}y_1 + \cdots + a_{1n}y_n + b_1, \\ \dfrac{dy_2}{dx} = a_{21}y_1 + \cdots + a_{2n}y_n + b_2, \\ \dots\dots\dots\dots\dots\dots\dots\dots\dots, \\ \dfrac{dy_n}{dx} = a_{n1}y_1 + \cdots + a_{nn}y_n + b_n, \end{cases}$$

onde a_{ij} e b_j são constantes reais.

Exemplo 5.5

$$\begin{cases} \dfrac{dx}{dt} = x + y, \\ \dfrac{dy}{dt} = 4x + y, \end{cases}$$

é um sistema de equações diferenciais lineares com coeficientes constantes.

Teorema 5.6 *Considere o sistema de equações diferenciais lineares homogêneo com coeficientes constantes* $\frac{dY}{dx} = AX$; *seja* $\alpha \in \mathbb{R}$ *um autovalor da matriz* A *se* Y_α *for um autovetor de* A *associado ao autovalor; então a função vetorial* $Y(x) = e^{\alpha x}Y_\alpha$ *é uma solução do sistema.*

DEMONSTRAÇÃO: Sendo Y_α um autovetor de A com autovalor α, tem-se $AY_\alpha = \alpha Y_\alpha$ e portanto

$$AY(x) = A\left[e^{\alpha x}Y_\alpha\right] = e^{\alpha x}AY_\alpha = \alpha e^{\alpha x}Y_\alpha = \alpha Y(x).$$

Por outro lado tem-se que

$$\frac{dY(x)}{dx} = \frac{d}{dx}\left[e^{\alpha x}Y_\alpha\right] = \alpha e^{\alpha x}Y_\alpha = \alpha Y(x),$$

consequentemente, tem-se

$$\frac{dY(x)}{dx} = AY(x),$$

e portanto segue que $Y(x) = e^{\alpha x}Y_\alpha$ é solução do sistema. □

5.4 Autovalores, autovetores e soluções do sistema homogêneo

Teorema 5.7 *Se* $\alpha_1, \ldots, \alpha_n$ *são autovalores reais da matriz* A *com* $\alpha_i \neq \alpha_j$ *para todo* $i \neq j$ *e se* $\vec{v}_1, \ldots, \vec{v}_n$ *são os autovetores associados; então* $\vec{v}_1, \ldots, \vec{v}_n$ *são vetores linearmente independentes.*

DEMONSTRAÇÃO: Faremos uso do método de indução para demonstrar o teorema. Para $n = 1$ o teorema é válido pois um autovetor é sempre um vetor não nulo. Suponha que o resultado é válido para $n-1$ vetores e considere que

$$c_1\vec{v}_1 + \cdots + c_{n-1}\vec{v}_{n-1} + c_n\vec{v}_n = \vec{O},$$

daí vem que

$$A \cdot [c_1\vec{v}_1 + \cdots + c_{n-1}\vec{v}_{n-1} + c_n\vec{v}_n] = A\vec{O} = \vec{O}$$

$$\Rightarrow c_1\alpha_1\vec{v}_1 + \cdots + c_{n-1}\alpha_{n-1}\vec{v}_{n-1} + c_n\alpha_n\vec{v}_n = \vec{O}.$$

Multiplicando-se a primeira identidade por α_n vem:

$$c_1\alpha_n\vec{v}_1 + \cdots + c_{n-1}\alpha_n\vec{v}_{n-1} + c_n\alpha_n\vec{v}_n = \vec{O}.$$

Subtraindo-se esta identidade da identidade acima vem:

$$c_1(\alpha_1 - \alpha_n)\vec{v}_1 + \cdots + c_{n-1}(\alpha_{n-1} - \alpha_n)\vec{v}_{n-1} = \vec{O}.$$

Mas $\alpha_j - \alpha_n \neq 0$, $\forall 1 \leq j \leq n-1$, e como por hipótese os vetores $\vec{v}_1, \ldots, \vec{v}_{n-1}$ são linearmente independentes segue que $c_1 = 0, c_2 = 0, \ldots, c_{n-1} = 0$ e daí voltando a primeira identidade segue que $c_n = 0$ e portanto os vetores $\vec{v}_1, \ldots, \vec{v}_n$ são linearmente independentes. □

Corolário 5.8 *As soluções dos sistema de equações diferenciais lineares*

$$\frac{dY}{dx} = AY$$

são dadas por:

$$\begin{cases} Y_1(x) = e^{\alpha_1 x}\vec{v}_1, \\ Y_2(x) = e^{\alpha_2 x}\vec{v}_2, \\ \dots\dots\dots\dots\dots, \\ Y_n(x) = e^{\alpha_n x}\vec{v}_n, \end{cases}$$

onde $\alpha_1, \alpha_2, \ldots, \alpha_n$ *são autovalores distintos da matriz* A *são linearmente independentes e portanto constituem uma base do espaço das soluções do sistema.*

Exemplo 5.9 Encontre a solução geral do sistema de equações diferenciais lineares, homogêneo com coeficientes constantes à seguir:

$$\begin{cases} \dfrac{dx}{dt} = x + y, \\ \dfrac{dy}{dt} = 4x + y. \end{cases}$$

SOLUÇÃO: Observe que o sistema pode ser posto sob a forma matricial:

$$\frac{dY}{dt} = \begin{bmatrix} 1 & 1 \\ 4 & 1 \end{bmatrix} \cdot \begin{bmatrix} x \\ y \end{bmatrix}, \quad \text{onde} \quad Y = \begin{bmatrix} x \\ y \end{bmatrix}.$$

Daí a matriz do sistema é:

$$A = \begin{bmatrix} 1 & 1 \\ 4 & 1 \end{bmatrix},$$

cujos autovalores são $\alpha_1 = 3$ e $\alpha_2 = -1$ e autovetores associados são respectivamente

$$\vec{v}_1 = \begin{bmatrix} 1 \\ 2 \end{bmatrix} \quad \text{e} \quad \vec{v}_2 = \begin{bmatrix} 1 \\ -2 \end{bmatrix}.$$

Consequentemente as funções vetoriais

$$Y_1(t) = (e^{3t}, 2e^{3t}) \quad \text{e} \quad Y_2(t) = (e^{-t}, -2e^{-t})$$

formam uma base para o espaço das soluções do sistema e portanto a solução geral do sistema é:

$$Y_G(t) = c_1 Y_1(t) + c_2 Y_2(t).$$

□

Corolário 5.10 *Se $\alpha = a + bi$ for um autovalor complexo da matriz A e se v_α for um autovetor complexo, associado ao autovalor α; a função vetorial complexa $Y(x) = e^{\alpha x} v_\alpha$ satisfaz formalmente ao sistema $\frac{dY}{dx} = AY$ bem como a função vetorial complexa $Z(x) = e^{\bar{\alpha}} v_{\bar{\alpha}}$, onde $v_{\bar{\alpha}}$ é um autovetor complexo associado ao autovalor $\bar{\alpha}$.*

Soluções obtidas à partir de um autovalor complexo. Se v_α for o autovetor da matriz A associado ao autovalor α; é fácil ver que $\bar{v}_\alpha$ é autovetor da matriz A associado ao autovalor $\bar{\alpha}$ e consequentemente a função vetorial complexa $z(x) = e^{\bar{\alpha} x} \bar{v}_\alpha$ também satisfaz formalmente o sistema se $\alpha = a + bi$, então:

$$e^{\alpha x} = e^{ax + bxi} = e^{ax} [\cos(bx) + i \,\mathsf{sen}(bx)],$$

e portanto tem-se que

$$Y(x) = e^{\alpha x}v_\alpha = e^{ax}\cos(bx)v_\alpha + ie^{ax}\operatorname{sen}(bx)v_\alpha,$$
$$Z(x) = e^{\bar{\alpha}x}\bar{v}_\alpha = e^{ax}\cos(bx)\bar{v}_\alpha - ie^{ax}\operatorname{sen}(bx)\bar{v}_\alpha.$$

Daí segue que:

$$Y(x) + Z(x) = e^{ax}\cos(bx)(v_\alpha + \bar{v}_\alpha) + e^{ax}\operatorname{sen}(bx)i(v_\alpha - \bar{v}_\alpha),$$
$$Y(x) - Z(x) = e^{ax}\cos(bx)(v_\alpha - \bar{v}_\alpha) + e^{ax}\operatorname{sen}(bx)i(v_\alpha + \bar{v}_\alpha).$$

Portanto tem-se que:

$$i[Y(x) - Z(x)] = -e^{ax}\operatorname{sen}(bx)(v_\alpha + \bar{v}_\alpha) + e^{ax}\cos(bx)i(v_\alpha - \bar{v}_\alpha).$$

Observe que as funções vetoriais $y(x)+z(x)$ e $i[y(x)-z(x)]$ são reais satisfazem o sistema de equações diferenciais $\frac{dY}{dx} = AY$, portanto estas funções vetoriais são soluções do sistema.

Teorema 5.11 *As soluções acima do sistema* $\frac{dY}{dx} = AY$ *são linearmente independentes.*

DEMONSTRAÇÃO: De $E_\alpha = v_\alpha + \bar{v}_\alpha$ e $F_\alpha = i(v_\alpha - \bar{v}_\alpha)$ vem que:

$$Y(x) + Z(x) = e^{ax}\cos(bx)E_\alpha + e^{ax}\operatorname{sen}(bx)F_\alpha = V_\alpha,$$
$$i[Y(x) - Z(x)] = -e^{ax}\operatorname{sen}(bx)E_\alpha + e^{ax}\cos(bx)F_\alpha = W_\alpha.$$

Demonstraremos que os vetores V_α e W_α são linearmente independentes. É fácil ver que os vetores E_α e F_α são linearmente independentes. Mostraremos que os vetores V_α e W_α são linearmente independentes de fato:

$$c_1V_\alpha + c_2W_\alpha = c_1e^{ax}\cos(bx)E_\alpha + c_1e^{ax}\operatorname{sen}(bx)F_\alpha$$
$$- c_2e^{ax}\operatorname{sen}(bx)E_\alpha + c_2e^{ax}\cos(bx)F_\alpha = \vec{O}$$

se, e somente se,

$$e^{ax}[c_1\cos(bx) - c_2\operatorname{sen}(bx)]E_\alpha + e^{ax}[c_1\operatorname{sen}(bx) + c_2\cos(bx)]F_\alpha = \vec{O}.$$

Visto que os vetores E_α e F_α são linearmente independentes,

$$\begin{aligned} c_1 \cos(bx) - c_2 \operatorname{sen}(bx) &= 0, \\ c_1 \operatorname{sen}(bx) + c_2 \cos(bx) &= 0. \end{aligned}$$

Multiplicando a primeira igualdade por c_2 e a segunda por c_1 vem

$$\begin{aligned} c_1 c_2 \cos(bx) - c_2^2 \operatorname{sen}(bx) &= 0, \\ c_1^2 \operatorname{sen}(bx) + c_1 c_2 \cos(bx) &= 0. \end{aligned}$$

Subtraindo-se a primeira igualdade acima da segunda igualdade vem

$$(c_1^2 + c_2^2) \operatorname{sen}(bx) = 0 \ \Rightarrow \ c_1 = 0 e c_2 = 0,$$

portanto V_α e W_α são linearmente independentes. □

Teorema 5.12 *Se $\alpha \in \mathbb{R}$ for um autovalor da matriz A do sistema*

$$\frac{dY}{x} = AY$$

com multiplicidade k, então as funções vetoriais

$$\begin{cases} Y_1(x) = e^{\alpha x} v_\alpha, \\ Y_2(x) = x e^{\alpha x} v_\alpha, \\ \dots\dots\dots\dots\dots\dots, \\ Y_n(x) = x^{k-1} e^{\alpha x} v_\alpha, \end{cases}$$

onde v_α é um autovetor de A com autovalor α, são soluções linearmente independentes do sistema de equações diferenciais $\frac{dY}{dx} = AY$.

Observação. A demonstração deste teorema exigiria um conhecimento de álgebra linear que estar além dos objetivos deste livro, uma demonstração deste teorema pode ser encontrada em [L.S. PONTRYAGIN — *Ordinary Diferencial Equation*].

Exemplo 5.13 Ache a solução geral do sistema de equações diferenciais

$$\begin{cases} \dfrac{dx}{dt} = -y, \\ \dfrac{dy}{dt} = x. \end{cases}$$

SOLUÇÃO: A forma matricial do sistema de equações diferenciais é:

$$\frac{dY}{dt} = \begin{bmatrix} 0 & -1 \\ 1 & 0 \end{bmatrix} \cdot \begin{bmatrix} x \\ y \end{bmatrix}, \quad \text{onde} \quad Y = \begin{bmatrix} x \\ y \end{bmatrix}.$$

O polinômio característico da matriz do sistema é:

$$P(t) = t^2 + 1,$$

cujas raízes são $\alpha_1 = i$ e $\alpha_2 = -i$, os autovetores associados a estes autovalores são:

$$v_i = \begin{bmatrix} i \\ 1 \end{bmatrix} \quad \text{e} \quad v_{-i} = \begin{bmatrix} -i \\ 1 \end{bmatrix}.$$

As funções vetoriais

$$X_1(t) = e^{it} v_i \quad \text{e} \quad X_2(t) = e^{-it} v_{-i}$$

satisfazem formalmente o sistema de equações diferenciais tem-se:

$$X_1(t) = [\cos(t) + i\,\text{sen}(t)] \begin{bmatrix} i \\ 1 \end{bmatrix} = \begin{bmatrix} -\text{sen}(t) & i\cos(t) \\ \cos(t) & i\,\text{sen}(t) \end{bmatrix},$$

$$X_2(t) = [\cos(t) - i\,\text{sen}(t)] \begin{bmatrix} -i \\ 1 \end{bmatrix} = \begin{bmatrix} -\text{sen}(t) & -i\cos(t) \\ \cos(t) & -i\,\text{sen}(t) \end{bmatrix},$$

ou ainda:

$$X_1(t) = \begin{bmatrix} -\text{sen}(t) \\ \cos(t) \end{bmatrix} + i \begin{bmatrix} \cos(t) \\ \text{sen}(t) \end{bmatrix},$$

$$X_2(t) = \begin{bmatrix} -\text{sen}(t) \\ \cos(t) \end{bmatrix} - i \begin{bmatrix} \cos(t) \\ \text{sen}(t) \end{bmatrix}.$$

Observe que as funções vetoriais reais

$$\frac{X_1(t)+X_2(t)}{2} = \begin{bmatrix} -\operatorname{sen}(t) \\ \cos(t) \end{bmatrix},$$
$$\frac{X_1(t)-X_2(t)}{2i} = \begin{bmatrix} \cos(t) \\ \operatorname{sen}(t) \end{bmatrix},$$

são soluções linearmente independentes do sistema, portanto a solução geral do sistema é:

$$Y_G(t) = c_1 \begin{bmatrix} -\operatorname{sen}(t) \\ \cos(t) \end{bmatrix} + c_2 \begin{bmatrix} \cos(t) \\ \operatorname{sen}(t) \end{bmatrix},$$

ou ainda:

$$Y_G(t) = \left(-c_1 \operatorname{sen}(t) + c_2 \cos(t), c_1 \cos(t) + c_2 \operatorname{sen}(t)\right),$$

onde c_1 e c_2 são constantes reais arbitrárias. □

Exemplo 5.14 Encontre uma base para o espaço das soluções da equação:

$$\begin{cases} \dfrac{dx}{dt} = 4x + 2y, \\ \dfrac{dy}{dt} = -x + y, \\ \dfrac{dz}{dt} = y + 2z. \end{cases}$$

SOLUÇÃO: O sistema de equações diferenciais acima tem a seguinte forma matricial

$$\begin{bmatrix} \frac{dx}{dt} \\ \frac{dy}{dt} \\ \frac{dz}{dt} \end{bmatrix} = \begin{bmatrix} 4 & 2 & 0 \\ -1 & 1 & 0 \\ 0 & 1 & 2 \end{bmatrix} \begin{bmatrix} x \\ y \\ z \end{bmatrix}.$$

O polinômio característico da matriz do sistema é:

$$p(t) = -t^3 + 7t^2 - 16t + 12,$$

cujas raízes são $\alpha_1 = 2$ com multiplicidade 2 e $\alpha_2 = 3$. Os autovetores associados a estes autovalores:

$$v_2 = \begin{bmatrix} 0 \\ 0 \\ 1 \end{bmatrix}$$

associado ao autovalor $\alpha_1 = 2$ e

$$v_3 = \begin{bmatrix} -2 \\ 1 \\ 1 \end{bmatrix}$$

associado ao autovalor $\alpha_2 = 3$ portanto uma base para o espaço das soluções do sistema é formada pelas funções vetoriais:

$$\begin{aligned} X_1(t) &= \left(0, 0, e^{2t}\right), \\ X_2(t) &= \left(0, 0, te^{2t}\right), \\ X_3(t) &= \left(-2e^{3t}, e^{3t}, e^{3t}\right). \end{aligned}$$

□

5.5 Exponencial de uma matriz

A equação diferencial $\frac{dy}{dt} = ay$ pode ser vista como um sistema de equações diferenciais lineares cuja solução geral é:

$$y(t) = ke^{at},$$

onde $k \in \mathbb{R}$ é uma constante arbitrária.

Para o caso dos sistemas de equações diferenciais lineares com coeficientes constantes, pode-se generalizar o conceito de exponencial, de forma que as soluções do sistema $\frac{dX}{dt} = AX$, onde $A \in M_{n\times n}(\mathbb{R})$, sejam do tipo

$$X(t) = e^{tA} \cdot X_0,$$

$X_0 \in \mathbb{R}^n$ um vetor fixado arbitrário.

Observações.

(i) A função exponencial real pode ser expressa sob a forma de uma série de potência:

$$e^x = \sum_{n=0}^{\infty} \frac{x^n}{n!},$$

válida para todo $x \in \mathbb{R}$

(ii) Por analogia, pode-se definir

$$e^A = I + A + \frac{A^2}{2!} + \cdots + \frac{A^n}{n!} + \cdots = \sum_{n=0}^{\infty} \frac{A^n}{n!}.$$

(iii) O conjunto $M_{n\times m}(\mathbb{R})$ das matrizes quadradas de ordem-n pode ser identificado com o espaço Euclidiano $\mathbb{R}^{n^2}$ e daí, usando-se a distância Euclidiana do $\mathbb{R}^{n^2}$, pode-se introduzir uma "distância"ou norma em $M_{n\times m}(\mathbb{R})$, pondo $\|A\| = d(A, O)$, onde O é a matriz nula e $A \in M_{n\times m}(\mathbb{R})$ e portanto pode-se mostrar que a série $\sum_{n=0}^{\infty} \frac{A^n}{n!}$ é convergente absolutamente.

Teorema 5.15 *A função* $X : \mathbb{R} \to \mathbb{R}^n$ *definida por* $X(t) = e^{tA} \cdot X_0$, *onde* $X_0 \in \mathbb{R}^n$ *é um vetor fixado, é diferenciável e além disso tem-se* $X'(t) = A \cdot X(t)$, *isto é:*

$$X(t) = e^{tA} \cdot X_0$$

é solução do sistema de equações diferenciáveis $\frac{dX}{dt} = A \cdot X$.

Demonstração: Tem-se que

$$X(t) = e^{tA} \cdot X_0 = \sum_{n=0}^{\infty} \frac{(tA)^n}{n!} \cdot X_0 = \left[I + tA + \frac{t^2A^2}{2!} + \cdots + \frac{t^nA^n}{n!} + \cdots \right] X_0.$$

Portanto derivando termo a termo a série de potência vem:

$$\begin{aligned} X'(t) &= \left[A + tA^2 + \frac{t^2A^3}{2!} + \cdots + \frac{t^nA^{n+1}}{n!} + \cdots \right] X_0 \\ &= A \left[I + tA + \frac{t^2A^2}{2!} + \cdots + \frac{t^nA^n}{n!} + \cdots \right] X_0 \end{aligned}$$

$$= \left[A \cdot \sum_{n=0}^{\infty} \frac{(tA)^n}{n!}\right] X_0$$
$$= A \cdot \left[\sum_{n=0}^{\infty} \frac{(tA)^n}{n!} \cdot X_0\right] = A \cdot X(t).$$

Consequentemente tem-se $X'(t) = A \cdot X(t)$. □

Exercícios

1. Ache a solução geral dos sistemas de equações diferenciais abaixo:

(a) $\begin{bmatrix} \frac{dx}{dt} \\ \frac{dy}{dt} \end{bmatrix} = \begin{bmatrix} 3 & -2 \\ 2 & 2 \end{bmatrix} \begin{bmatrix} x \\ y \end{bmatrix}$.

(b) $\begin{bmatrix} \frac{dx}{dt} \\ \frac{dy}{dt} \\ \frac{dz}{dt} \end{bmatrix} = \begin{bmatrix} 1 & 1 & 2 \\ 0 & 2 & 2 \\ -1 & 1 & 3 \end{bmatrix} \begin{bmatrix} x \\ y \\ z \end{bmatrix}$.

2. Resolva o problema de valor inicial para os sistemas de equações diferenciais abaixo:

(a) $\begin{cases} \dfrac{dx}{dt} = 5x - y, & x(0) = 2, \\ \dfrac{dy}{dt} = 3x + y, & y(0) = 1. \end{cases}$

(b) $\begin{cases} \dfrac{dx}{dt} = -z, & x(0) = 7, \\ \dfrac{dy}{dt} = x, & y(0) = 5, \\ \dfrac{dz}{dt} = -x + 2y + 4z, & z(0) = 5. \end{cases}$

3. Transforme a equação diferencial linear de 2ª ordem com coeficientes constantes $ay'' + by' + cy = 0$ num sistema de equações diferenciais lineares de 1ª ordem.

4. Ache uma base para o espaço das soluções do sistema:

$$\begin{cases} \dfrac{dx}{dt} = -\dfrac{x}{2} + y, \\ \dfrac{dy}{dt} = -x - \dfrac{y}{2}. \end{cases}$$

5. Considere o sistema de equações diferenciais $\frac{dX}{dt} = AX$, onde

$$A = \begin{bmatrix} 3 & 2 \\ -1 & 1 \end{bmatrix} \quad \text{e} \quad X = \begin{bmatrix} x \\ y \end{bmatrix}.$$

Mostre que as funções vetoriais

$$X_1(t) = \left(e^{2t}(\cos(t) - \text{sen}(t)), -e^{2t}\cos(t)\right),$$
$$X_2(t) = \left(e^{2t}(\text{sen}(t) + \cos(t)), -e^{2t}\,\text{sen}(t)\right),$$

formam uma base para o espaço das soluções do sistema.

6. Resolva o sistema de equações diferenciais:

$$\begin{cases} \dfrac{dx}{dt} = 3x - y, \\ \dfrac{dy}{dt} = x + y. \end{cases}$$

6

Equações Diferenciais Parciais — EDP

6.1 Definição e exemplos de equação diferencial parcial

Definição 6.1 Uma *equação diferencial parcial* de ordem k em n variáveis independentes é toda equação do tipo:

$$E\left(x_1, \ldots, x_n, \frac{\partial u}{\partial x_1}, \ldots, \frac{\partial u}{\partial x_n}, \ldots, \frac{\partial^k u}{\partial x_1^k}, \ldots, \frac{\partial^k u}{\partial x_n^k}\right) = 0,$$

onde $(x_1, x_2, \ldots, x_n) \in \Omega \subset \mathbb{R}^n$, com Ω um conjunto aberto, $u : \Omega \to \mathbb{R}$ uma função incógnita das variáveis $x_1, x_2, \ldots, x_n$.

Exemplo 6.2

$$e^{\left(\frac{\partial u}{\partial x} + \frac{\partial u}{\partial y}\right)} = 0$$

é uma EDP de 1ª ordem.

Exemplo 6.3

$$\frac{\partial^2 u}{\partial x^2} + \frac{\partial^2 u}{\partial y^2} = 0$$

é uma EDP de 2ª ordem.

Definição 6.4 Uma *solução* de uma equação diferencial parcial de ordem-k, definida no aberto $\Omega \subset \mathbb{R}^n$ é uma função real $\varphi : \Omega \subset \mathbb{R}^n \to \mathbb{R}$ que satisfaz a equação diferencial parcial em todo ponto $X = (x_1, \ldots, x_n) \in \Omega$.

Exemplo 6.5 A equação diferencial parcial

$$e^{\left(\frac{\partial u}{\partial x} + \frac{\partial u}{\partial y}\right)} = 0$$

não tem solução em qualquer conjunto $\Omega \subset \mathbb{R}^2$ uma vez que a função exponencial jamais se anula.

Exemplo 6.6 A função $\varphi : \mathbb{R}^2 \to \mathbb{R}$ tal que $u(x, y) = x^2 - y^2$ é solução da equação diferencial parcial

$$\frac{\partial^2 u}{\partial x^2} + \frac{\partial^2 u}{\partial y^2} = 0.$$

Definição 6.7 Uma *equação diferencial parcial linear de 1ª ordem* é equação do tipo

$$\sum_{j=1}^{n} a_j(X)\frac{\partial u}{\partial x_j} + b(X)u + c(X) = 0,$$

onde $X = (x_1, \ldots, x_n) \in \Omega \subset \mathbb{R}^n$, Ω um conjunto aberto e as funções $a_j : \Omega \to \mathbb{R}$, $b : \Omega \to \mathbb{R}$ e $c : \Omega \to \mathbb{R}$ são todas contínuas em $\Omega \subset \mathbb{R}^n$.

Definição 6.8 Uma *equação diferencial parcial linear de 2ª ordem* é equação do tipo

$$\sum_{j \le i, j \le n} a_{ij}(X)\frac{\partial^2 u}{\partial x_i \partial x_j} + \sum_{j=1}^{n} b_j(X)\frac{\partial u}{\partial x_j} + c(X)u + d(X) = 0,$$

onde as funções $a_{ij} : \Omega \subset \mathbb{R}^n \to \mathbb{R}$, $b_j : \Omega \subset \mathbb{R}^n \to \mathbb{R}$, $c : \Omega \subset \mathbb{R}^n \to \mathbb{R}$ e $d : \Omega \subset \mathbb{R}^n \to \mathbb{R}$ são todas contínuas.

Exemplo 6.9 (Equação da onda) A equação da onda unidimensional

$$\frac{\partial^2 u}{\partial t^2} = c^2 \frac{\partial^2 u}{\partial x^2}$$

é uma equação diferencial parcial linear de 2ª ordem.

Exemplo 6.10 (Equação do calor) A equação do calor

$$\frac{\partial u}{\partial t} = \alpha^2 \frac{\partial^2 u}{\partial x^2}$$

é uma equação diferencial parcial linear de 2ª ordem.

6.2 Equação diferencial parcial linear homogênea

Definição 6.11 Uma *equação diferencial parcial linear homogênea* é uma EDP linear onde a função que representa o termo independente é nula.

Exemplo 6.12 As EDP's acima são homogêneas

Teorema 6.13 *O conjunto das soluções de uma equação diferencial parcial linear homogênea é um espaço vetorial.*

DEMONSTRAÇÃO: A demonstração será feita para o caso de uma E.D.P. linear de 2ª ordem; o caso geral é análogo e será deixado como um exercício. Considere a EDP homogênea

$$\sum_{j \leq i, j \leq n} a_{ij}(x) \frac{\partial^2 u}{\partial x_i \partial x_j} + \sum_{j=1}^{n} b_j(x) \frac{\partial u}{\partial x_j} + c(x)u = 0,$$

e sejam u_1 e u_2 soluções da equação. Assim, tem-se:

1. $\frac{\partial^2 (u_1+u_2)}{\partial x_i \partial x_j} = \frac{\partial^2 u_1}{\partial x_i \partial x_j} + \frac{\partial^2 u_2}{\partial x_i \partial x_j}$;
2. $\frac{\partial}{\partial x_j}(u_1 + u_2) = \frac{\partial u_1}{\partial x_j} + \frac{\partial u_2}{\partial x_j}$;
3. $\frac{\partial^2 (\alpha u)}{\partial x_i \partial x_j} = \alpha \frac{\partial^2 u}{\partial x_i \partial x_j}$;
4. $\frac{\partial (\alpha u)}{\partial x_j} = \alpha \frac{\partial u}{\partial x_j}$.

Substituindo-se u_1 e u_2 na equação e tendo-se em vista as relações acima segue que se u_1 e u_2 são soluções da EDP homogênea tem-se que $\alpha_1 u_1 + \alpha_2 u_2$ é solução da EDP para α_1 e α_2 constantes reais e portanto segue que o conjunto das soluções de uma EDP linear homogênea é um espaço vetorial. □

6.3 Problemas de contorno e problemas de condições iniciais

Uma diferença importante entre uma equação diferencial ordinária e uma equação diferencial parcial é a informação necessária para a unicidade da solução. Na solução geral de uma EDO linear aparecem uma ou mais constantes arbitrárias que podem ser determinadas impondo condições iniciais, isto é, fixando-se valores a solução e suas derivadas até uma determinada ordem, num ponto x_0 pertencente ao intervalo de definição da equação, para as equações diferenciais parciais a situação é fundamentalmente diferente; mesmo para o caso linear, a solução geral, quando é possível acha-la; envolve funções arbitrárias de várias variáveis.

Considere o Problema:

$$\begin{cases} \dfrac{\partial u}{\partial y}(x,y) = 0, \\ u(x,p(x)) = f(x), \end{cases}$$

$(x,y) \in \Omega \subset \mathbb{R}^2$ aberto, onde $p(x)$ e $f(x)$ são funções definidas no intervalo aberto $I \subset \mathbb{R}$ com f de classe C^1 em I.

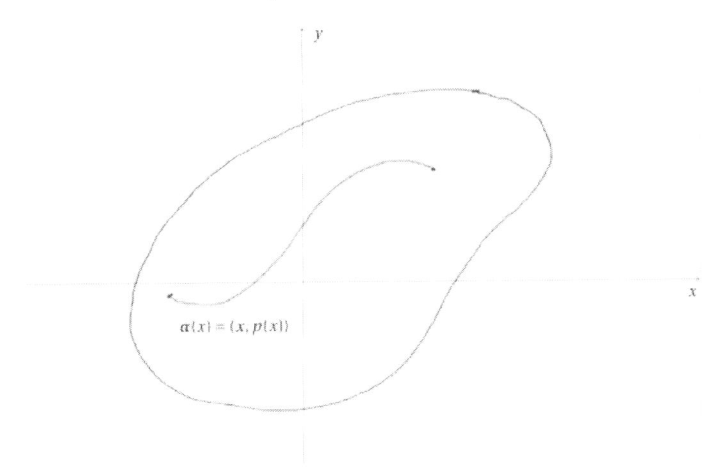

Seja $u(x,y)$ uma solução do problema; os valores de $u(x,y)$ estão determinados pelos valores assumidos por u sobre a curva

$\alpha(x) = (x, p(x))$, isto é, $u(x, p(x)) = f(x)$. Como $\frac{\partial u}{\partial y}(x, y) = 0$ para todo $(x, y) \in \Omega$; portanto a função $\mu : \Omega \subset \mathbb{R}^2 \to \mathbb{R}$, $\mu(x, y) = f(x)$ é a única solução do problema neste caso diz-se que o problema estar bem posto.

Considere agora o seguinte problema:

$$\begin{cases} \dfrac{\partial u}{\partial y} = 0, \& \forall (x, y) \in \Omega, \\ u(0, y) = f(y), \qquad\qquad f \in C^1(\mathbb{R}), y \in \mathbb{R}. \end{cases}$$

Se $u(x, y)$ for uma solução do problema, então $u(x, y) = g(x)$, onde $g \in C^1(\mathbb{R})$ mas $\frac{\partial u}{\partial y}(0, y) = f'(y)$ e portanto o problema não tem solução se função $f : \mathbb{R} \to \mathbb{R}$ não for constante; e terá infinitas soluções do tipo $u(x, y) = g(x)$, se f for constante, neste caso diz-se que o problema não estar bem posto.

6.4 O método da separação de variáveis. Equação do calor

Considere o problema da difusão do calor em uma barra homogênea de comprimento L.

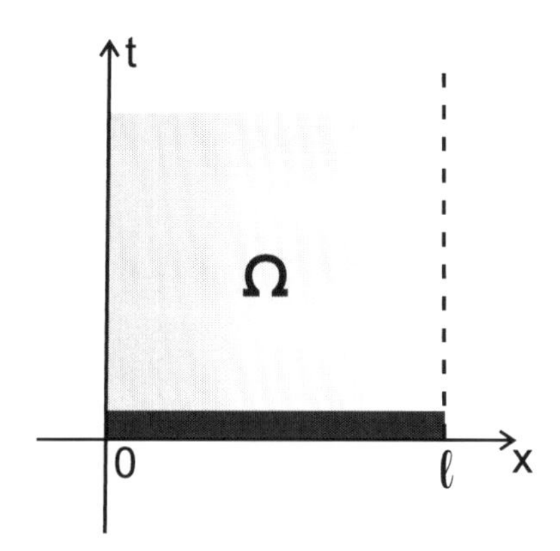

$$\begin{cases} \dfrac{\partial u}{\partial t}(x,t) = \alpha^2 \dfrac{\partial^2 u}{\partial x^2}(x,t), & (x,t) \in \Omega \\ u(0,t) = u(L,t) = 0, & t \geq 0, \\ u(x,0) = f(x), & x \in [0,L], \end{cases}$$

onde $\Omega = [0,L] \times (0,\infty)$.

Observações. A função f deve satisfazer a condição: $f(0) = f(L) = 0$ para que o problema tenha solução. O problema é linear homogêneo,portanto o conjunto das soluções do problema é um espaço vetorial, sub-espaço do espaço vetorial

$$\mathfrak{L}^2\left[(0,\infty) \times (0,\infty)\right] \times \mathfrak{L}^1\left[[0,L] \times [0,\infty)\right].$$

Vamos procurar uma família de soluções $\{u_n\}$ do problema, de modo que, toda solução possa ser expressa sob a forma:

$$u = \sum_{n=0}^{\infty} \alpha_n u_n,$$

onde a sequência (u_n) será determinada pela condição:

$$f(x) = \sum_{n=0}^{\infty} \alpha_n u_n(x,o).$$

Inicialmente vamos procurar soluções do problema sob a forma

$$u(x,t) = \varphi(x)\psi(t).$$

Substituindo-se $u(x,t)$ no problema vem que:

$$\varphi(x)\psi'(t) = \alpha^2 \varphi''(x)\psi(t),$$

ou ainda,

$$\frac{\varphi''(x)}{\varphi(x)} = \frac{1}{\alpha^2}\frac{\psi'(t)}{\psi(t)},$$

onde $\varphi \neq 0$, $\psi \neq 0$ e consequentemente tem-se:

$$\frac{\varphi''(x)}{\varphi(x)} = \frac{1}{\alpha^2}\frac{\psi'(t)}{\psi(t)} = -\lambda,$$

onde $\lambda \in \mathbb{R}$ é uma constante.

Estamos procurando soluções $u \in \mathfrak{L}^2[(0,\infty)\times(0,\infty)] \times \mathfrak{L}^1[[0,L]\times[0,\infty)]$, satisfazendo a condição de contorno, $u(0,t) = u(L,t) = 0$, para todo $t \geq 0$ ou seja $\varphi(0) = \varphi(L) = 0$.

Proposição 6.14 *A constante $\lambda \in \mathbb{R}$ é um número real positivo, isto é, $\lambda > 0$.*

DEMONSTRAÇÃO: Da expressão acima obtêm-se que λ satisfaz a equação:

$$\varphi''(x) = -\lambda\varphi(x).$$

Considere o produto interno no espaço $\mathfrak{L}^2[0,L] \cap \mathfrak{L}^1[0,L]$ definida por

$$\langle f, g\rangle = \int_0^L f(t)g(t)\,dt,$$

então

$$\begin{aligned}
\lambda\langle\varphi,\varphi\rangle &= \langle\lambda\varphi,\varphi\rangle = \langle-\varphi'',\varphi\rangle \\
&= -\lim_{\substack{b\to L^{-1}\\ a\to 0^+}} \int_a^b \varphi''(t)\varphi(t)\,dt \\
&= -\lim_{\substack{b\to L^{-}\\ a\to 0^+}} \varphi'(t)\varphi(t) + \lim_{\substack{b\to L^{-}\\ a\to 0^+}} \int_a^b (\varphi'(t))^2 dt \\
&= \lim_{\substack{b\to L^{-}\\ a\to 0^+}} [\varphi'(b)\varphi(b) - \varphi'(a)\varphi(a)] + \langle\varphi',\varphi'\rangle,
\end{aligned}$$

mas

$$\lim_{\substack{b\to L^{-}\\ a\to 0^+}} [\varphi'(b)\varphi(b) - \varphi'(a)\varphi(a)] = 0.$$

Portanto tem-se

$$\lambda\langle\varphi,\varphi\rangle = \langle\varphi',\varphi'\rangle \;\Rightarrow\; \lambda > 0.$$

□

Visto que $\lambda > 0$, o problema

$$\begin{cases} \varphi''(x) + \lambda\varphi(x) = 0, \\ \varphi(0) = \varphi(L) = 0, \end{cases}$$

tem solução da forma

$$\varphi(x) = a\cos\left(\sqrt{\lambda}x\right) + b\,\mathrm{sen}\left(\sqrt{\lambda}x\right),$$

onde a e b são constantes reais. Mas

$$\varphi(0) = 0 \Rightarrow a = 0 \Rightarrow \varphi(x) = b\,\mathrm{sen}\left(\sqrt{\lambda}x\right).$$

Como

$$\varphi \neq 0 \Rightarrow b \neq 0$$

e como

$$\varphi(L) = 0 \Rightarrow \mathrm{sen}\left(\sqrt{\lambda}L\right) = 0 \Rightarrow \sqrt{\lambda}L = n\pi, \quad n \in \mathbb{Z},$$

$$n \neq 0 \Rightarrow \sqrt{\lambda} = \frac{n\pi}{L} \Rightarrow \lambda = \frac{n^2\pi^2}{L^2},$$

e consequentemente tem-se que

$$\varphi_n(x) = \mathrm{sen}\left(\frac{n\pi x}{L}\right), \quad 0 \leq x \leq L,$$

são soluções do problema.

Para obter a solução resta obter $\psi(t)$, mas a função $\psi(t)$ satisfaz a equação:

$$\psi'(t) = -\lambda\alpha^2\psi(t),$$

cuja solução geral é da forma:

$$\psi(t) = ke^{-\alpha^2\lambda t}, \quad k \in \mathbb{R},$$

e daí segue:

$$u_n(x,t) = \mathrm{sen}\left(\frac{n\pi x}{L}\right)e^{-\frac{\alpha^2 n^2\pi^2 t}{L^2}},$$

onde $x \in [O, L]$ e $t \in [0, \infty)$. Do princípio da superposição de soluções segue que a solução de difusão do calor na barra é:

$$u(x,t) = \sum_{n=1}^{\infty} b_n\,\mathrm{sen}\left(\frac{n\pi x}{L}\right)e^{-\frac{\alpha^2 n^2\pi^2 t}{L^2}},$$

onde as constantes $b_{n's}$ são determinadas à partir da condição

$$f(x) = \sum_{n=1}^{\infty} b_n\,\mathrm{sen}\left(\frac{n\pi x}{L}\right).$$

Cálculo dos coeficientes b_n's. Observe que

$$\langle f, \varphi_n \rangle = \sum_{m=1}^{\infty} \langle b_m \varphi_m, \varphi_n \rangle = b_n \langle \varphi_n, \varphi_n \rangle ,$$

pois $\langle \varphi_m, \varphi_n \rangle = 0$ se $m \neq n$, daí segue que

$$\langle f, \varphi_n \rangle = b_n \int_0^L \operatorname{sen}^2 \left(\frac{n\pi x}{L} \right) dx = \frac{b_n L}{2}.$$

Portanto tem-se

$$b_n = \frac{2}{L} \int_0^L f(x) \operatorname{sen} \left(\frac{n\pi x}{L} \right) dx.$$

Exercícios

1. Resolva o problema de contorno:

$$\begin{cases} \dfrac{\partial u}{\partial t} = \alpha^2 \dfrac{\partial^2 u}{\partial x^2}, & (x,t) \in (0,L) \times [0,\infty), \\ \dfrac{\partial u}{\partial x}(0,t) = \dfrac{\partial u}{\partial x}(L,t), & t \geq 0, \\ u(x,0) = f(x), & \alpha \in [0,L], f \in C^1(0,L). \end{cases}$$

2. Determine a temperatura $u(x,t)$ para o instante $t > 0$, de uma barra de metal (homogênea) de comprimento igual a $50\,\text{cm}$, isolada lateralmente, que se encontra inicialmente a uma temperatura uniforme de $20^\circ\,\text{C}$ e cujas extremidades são mantidas à zero grau centígrados.

3. Problema de difusão do calor com condições de contorno não homogênea:

$$\begin{cases} \dfrac{\partial u}{\partial t} = \alpha^2 \dfrac{\partial^2 u}{\partial x^2}, & (x,t) \in (0,L) \times [0,\infty), \\ u(0,t) = T_1, \quad u(L,t) = T_2, & u(x,0) = f(x). \end{cases}$$

   Mostre que a distribuição de temperatura na barra é dada pela função:

$$u(x,t) = \sum_{n=1}^{\infty} b_n e^{-\left(\frac{n\pi\alpha}{L}\right)^2 t} + (T_2 - T_1)\frac{x}{L} + T_1,$$

   onde $b_n = \frac{2}{L} \int_0^L \left[f(x) - (T_2 - T_1)\frac{x}{L} - T_1 \right] \operatorname{sen}\left(\frac{n\pi x}{L} \right) dx$.

4. Considere o problema de difusão do calor:

$$\begin{cases} \dfrac{\partial u}{\partial t} = \dfrac{\partial^2 u}{\partial x^2}, & 0 < x < 30,\ t > 0, \\ u(0,t) = 20,\ u(30,t) = 50, & t > 0, \\ u(x,0) = 60 - 2x, & 0 < x < 30, \end{cases}$$

em que comprimento da barra é igual $30\,\text{cm}$; a temperatura está em grau centígrado; e o tempo t está em minutos.

(a) Determine a função de distribuição de calor $u(x,t)$

(b) Ache $u(15,10)$

7

Métodos Numéricos para Problemas de Valor Inicial

7.1 O método de Euler

A resolução de uma equação diferencial através de métodos analíticos, infelizmente tem as suas limitações, um grande número de problemas importantes nas engenharias e nas ciências de um modo geral envolvem equações diferenciais para as quais as técnicas analíticas não se aplicam ou quando se aplicam são muito complicadas.

O emprego de procedimentos numéricos para obtenção de uma solução aproximada do problema é a alternativa mais adequada.

Iremos tratar o emprego dos procedimentos numéricos para resolver problemas de valor inicial de primeira ordem constituído da equação diferencial $\frac{dy}{dt} = f(t, y)$ e pela condição inicial $y(t_0) = y_0$, onde a função f está definida numa região aberta $\Omega \subset \mathbb{R}^2$ e tal que f e $\frac{\partial f}{\partial y}$ são contínuas.

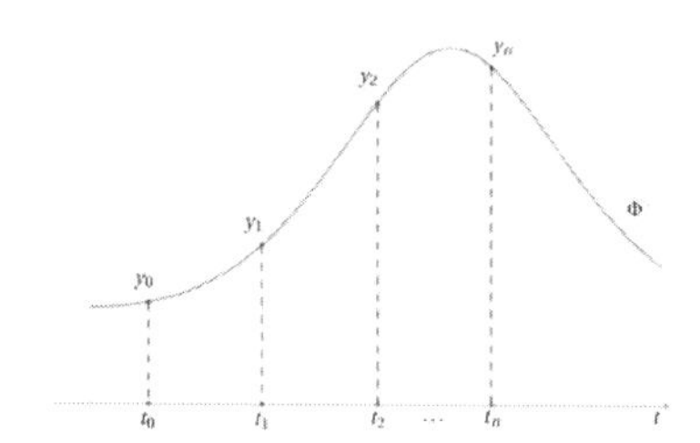

Do teorema de Picard (teorema 1.23, p. 18) tem-se que o problema de valor inicial acima tem solução única, $\Phi : I \subset\!\rightarrow \mathbb{R}$, $\Phi'(t) = f(t, \Phi(t))$, para todo $t \in I$, onde I é um intervalo aberto contendo o ponto t_0 e tal que $\Phi(t_0) = y_0$.

Um procedimento numérico para resolver um problema de valor inicial como o posto acima é um algoritmo que permite calcular valores aproximados $y_0, y_1, \ldots, y_n$ da solução Φ num conjunto de pontos $t_0, t_1, \ldots, t_n$.

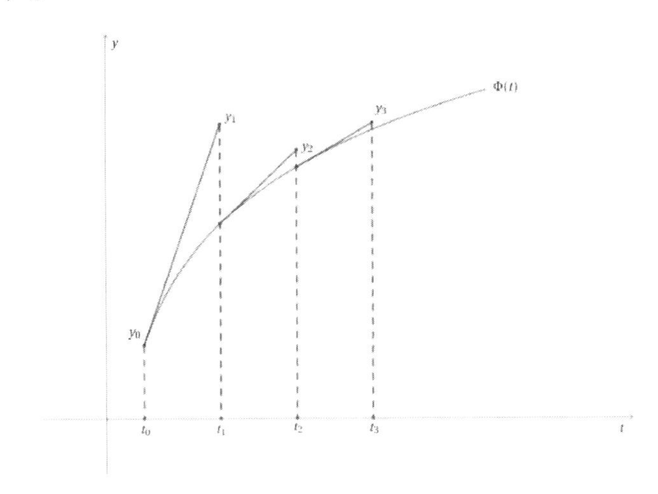

Considere uma sequência $t_0, t_1, \ldots, t_n, \ldots$ de pontos do intervalo I de modo que $t_0 < t_1 < \cdots < t_n < \cdots$ e tal que $t - t_{j-1} = h$, para $j = 1, 2, \ldots,$ tem-se

$$\Phi(t_0) = y_0.$$

Deseja-se obter uma aproximação para $\Phi(t_1)$.

Tome y_1 sobre o segmento tangente ao gráfico de Φ obtido por

$$y_1 = y_0 + h\Phi'(t_0)(t_1 - t_0),$$

ou seja, $y_1 = y_0 + hf(t_0, y_0)$. Uma vez obtido y_1, tome y_2 sobre o segmento de reta que passa pelo ponto (t_1, y_1) e cujo coeficiente angular é $f(t, y_1)$, então $y_2 = y_1 + hf(t_1, y_1)$. Continuando-se o processo obtêm-se que:

$$y_{n+1} = y_n + hf(t_n, y_n).$$

A sequência $(y_0, y_1, \dots, y_n, \dots)$ construída acima é a aproximação da solução Φ no conjunto de pontos $t_0, t_1, \dots, t_n, \dots,$ referente ao método de Euler.

7.1.1 Erro no método de Euler

Existem dois tipos de erros à serem considerados:

1. Erro de trucamento local, provocado pelo uso do método;
2. Erro de arrendondamento, provocado pela impossibilidade de exatidão nos cálculos.

7.1.2 Erro de truncamento

Seja $\Phi(t)$ a solução do problema e suponha que a função f e as suas derivadas parciais sejam contínuas, pela regra da cadeia tem-se:

$$\Phi''(t) = [f(t, \Phi(t))]' = \frac{\partial f}{\partial t}(t, \Phi(t)) + f(t, \Phi(t))\frac{\partial f}{\partial y}(t, \Phi(t)),$$

e portanto tem-se que a função $\Phi''(t)$ é contínua.

Desenvolvendo $\Phi(t)$ em série de Taylor em torno do ponto t_n tem-se:

$$\Phi(t_n + h) = \Phi(t_n) + \Phi'(t_n)h + \Phi''(t)\frac{h^2}{2},$$

onde $t_n < \bar{t}_n < t_n + h$, logo

$$\Phi(t_n+h)-y_{n+1} = (\Phi(t_n)-y_n)+h[f(t_n, \Phi(t_n))-f(t_n, y_n)]+\frac{1}{2}\Phi''(\bar{t}_n)h^2.$$

A expressão $E_{n+1} = \Phi(t_{n+1}) - y_{n+1}$ é o erro de truncamento local do método; suponha que no passo n do processo os dados estejam corretos, isto é, $y_n = f(t_n, \Phi(t_n))$, então $E_{n+1} = \frac{1}{2}\Phi''(\bar{t}_n)h^2$; se $M = \max_{t\in[a,b]} |\Phi''(t)|$, então $|E_{n+1}| \leq \frac{1}{2}Mh^2$.

Exemplo 7.1 Considere o problema de valor inicial:

$$\begin{cases} \dfrac{dy}{dt} = 1 - t + 4y, \\ y(0) = 1. \end{cases}$$

Use o método de Euler com incremento $h = 0,05$ para determinar um valor aproximado para a solução do problema no ponto $t = 0,15$

SOLUÇÃO: Neste caso tem-se $t_0 = 0$ e $y(t_0) = y(0) = 1 = y_0$ Do método de Euler:

$$\begin{aligned} y_1 &= y_0 + hf(0,1) = 1 + 0,05 \times 5 = 1,25, \\ y_2 &= y_1 + f(0,05; 1,25) = 1,25 + 0,05 \times 5,95 = 1,25 + 0,2975 \\ &\Rightarrow y_2 = 1,54, \\ y_3 &= y_2 + hf(0,10; 1,54) = 1,54 + 0,05 \times 7,06 = 1,893 \\ &\Rightarrow y_3 = 1,893, \\ \Phi(0,15) &\cong y_3 = 1,893. \end{aligned}$$

□

7.2 A fórmula de Euler aprimorada

Se $y = \Phi(t)$ for a solução do problema de valor inicial

$$\begin{cases} \dfrac{dy}{dt} = f(t,y), \\ y(t_0) = y_0, \end{cases}$$

tem-se que $\Phi(t)$ é solução da equação integral

$$\Phi(t) = \Phi(t_0) + \int_{t_0}^{t} f(t, \Phi(t))\, dt.$$

Se $t_1 = t_0 + h, t_2 = t_1 + h, \ldots, t_{n+1} = t_n + h$, vem:

$$\Phi(t_{n+1}) = \Phi(t_n) + \int_{t_n}^{t_{n+1}} f(t, \Phi(t))\, dt.$$

Para a obtenção da fórmula de Euler foi tomada a seguinte aproximação

$$f(t, \Phi(t)) \cong f(t_n, \Phi(t_n)),$$

para $t_n \leq t \leq t_{n+1}$ e daí obtêm-se

$$y_{n+1} = y_n + hf(t_n, y_n).$$

Para uma aproximação mais exata pode-se tomar

$$f(t, \Phi(t)) \cong \frac{f(t_n, y_n) + f(t_{n+1}, y_{n+1})}{2},$$

e como

$$y_{n+1} = y_n + hf(t_n, y_n)$$

vem que

$$y_{n+1} = y_n + \frac{h}{2}\left[f(t_n, y_n) + f\left[t_n + h, y_n + hf(t_n, y_n)\right]\right].$$

A expressão acima é a *fórmula de Euler aprimorada* ou *fórmula de Heun.*

7.3 Método da fórmula de Taylor de três termos

Considere o problema de valor inicial:

$$\begin{cases} \dfrac{dy}{dt} = f(t, y), \\ y(t_0) = y_0, \end{cases}$$

onde a função f está definida numa região $\Omega \subset \mathbb{R}^2$ aberta e conexa.

Suponha que a função f e as suas derivadas parciais até a ordem dois seja contínuas em Ω. Seja $\Phi : I \subset \mathbb{R} \to \mathbb{R}$ a solução do problema acima; então $\Phi(t)$ tem derivadas contínuas até a terceira ordem no intervalo I. Daí tem-se: para cada $t + h \in I$,

$$\Phi(t + h) = \Phi(t) + h\Phi'(t) + \frac{h^2}{2}\Phi''(t) + \frac{h^3}{6}\Phi'''(\bar{t}),$$

onde $t < \bar{t} < t + h$.

Seja $t_0 < t_1 < t_2 < \cdots < t_n < \cdots$ uma sequência de pontos no intervalo I de tal modo que $t_j - t_{j-1} = h$, para todo $j \geq 1$ portanto tem-se

$$\Phi(t_{n+1}) = \Phi(t_n) + h\Phi'(t_n) + \frac{h^2}{2}\Phi''(t_n) + \frac{h^3}{6}\Phi'''(\bar{t}_n),$$

onde $t_n < \bar{t}_n < t_n + h$, mas,

$$\Phi'(t_n) = f(t_n, \Phi(t_n))$$

e

$$\Phi''(t_n) = \frac{\partial f}{\partial t}(t_n, \Phi(t_n)) + f(t_n, \Phi(t_n))\frac{\partial f}{\partial y}(t_n, \Phi(t_n))$$

substituindo-se estes valores na expressão acima vem:

$$\begin{aligned}\Phi(t_{n+1}) &= \Phi(t_n) + hf(t_n, \Phi(t_n)) \\ &+ \frac{h^2}{2}\left[\frac{\partial f}{\partial t}(t_n, \Phi(t_n)) + f(t_n, \Phi(t_n))\frac{\partial f}{\partial y}(t_n, \Phi(t_n))\right] + \frac{h^3}{6}\Phi''(t_n).\end{aligned}$$

Se na expressão anterior substituirmos $\Phi(t_n)$ por y_n e $\Phi(t_{n+1})$ por y_{n+1} vem que:

$$y_{n+1} \cong y_n + hf(t_n, y_n) + \frac{h^2}{2}\left[\frac{\partial f}{\partial t}(t_n, y_n) + \frac{\partial f}{\partial y}(t_n, y_n)f(t_n, y_n)\right],$$

onde nesta aproximação o termo $\frac{h^3}{6}\Phi'''(E_n)$ foi desprezado.

Exercícios

1. Usando o método de Euler, ache um valor aproximado da solução do problema de valor inicial:

   (a)

$$\begin{cases} \dfrac{dy}{dt} = 2y - 1, \\ y(0) = 1, \end{cases}$$

   no ponto $t_0 = 0,4$; $h = 0,1$.

(b)
$$\begin{cases} \dfrac{dy}{dt} = 0,5 - t + 2y, \\ y(0) = 1, \end{cases}$$
no ponto $t_0 = 0,4$; $h = 0,1$.

2. Usando o método de Euler, ache os valores aproximados da solução do problema de valor inicial:
$$\begin{cases} \dfrac{dy}{dt} = 2y - 1, \\ y(0) = 1, \end{cases}$$
nos pontos: $t_1 = 0,2$; $t_2 = 0,3$ e $t_3 = 0,4$.

3. Mostre que o erro de truncamento local do método da fórmula de Taylor de três termos é proporcional a h^3, onde h é o incremento do método.

4. Use o método de Euler com $h = 0,1$ e calcule os valores aproximados da solução nos pontos $t_1 = 1,2$; $t_2 = 1,4$; $t_3 = 1,6$ para o problema de valor inicial:
$$\begin{cases} \dfrac{dy}{dt} = \dfrac{3t^2}{3y^2 - 4}, \\ y(1) = 0. \end{cases}$$

5. Mostre que sob condições impostas a função f que a solução numérica gerada pelo método de Euler converge para a solução exata do problema:
$$\begin{cases} \dfrac{dy}{dt} = f(t, y), \\ y(t_0) = y_0. \end{cases}$$

6. Utilizando o Método de Euler com $h = 0,01$, faça uma estimativa do erro de truncamento local em termos da solução exata $\Phi(t)$ do problema de valor inicial:
$$\begin{cases} \dfrac{dy}{dt} = \dfrac{1}{2} - t + 2y, \\ y(0) = 1. \end{cases}$$

7. Utilizando-se o método de Euler com incremento $h = 0,05$, determine os valores aproximados da solução, nos pontos: $t_1 = 0,05$; $t_2 = 0,10$; $t_3 = 0,15$ e $t_4 = 0,2$ para cada um dos problemas de valor inicial:

(a) $\begin{cases} \dfrac{dy}{dt} = t^2 + y^2, \\ y(0) = 1. \end{cases}$

(b) $\begin{cases} \dfrac{dy}{dt} = \dfrac{1}{2} - t + 2y, \\ y(0) = 1. \end{cases}$

8. Nos problemas à seguir ache os valores aproximados da solução $\Phi(t)$, nos pontos: $t_1 = 0,1$; $t_2 = 0,2$ e $t_3 = 0,3$; utilizando-se o método da fórmula de Taylor com $h = 0,1$.

(a) $\begin{cases} \dfrac{dy}{dt} = 2y - 1, \\ y(0) = 1. \end{cases}$

(b) $\begin{cases} \dfrac{dy}{dt} = \sqrt{t + y}, \\ y(0) = 3. \end{cases}$

(c) $\begin{cases} \dfrac{dy}{dt} = 2t + e^{-ty}, \\ y(0) = 1. \end{cases}$

9. Mostre que o erro de truncamento da fórmula de Euler aprimorado é proporcional a h^3, onde h é o incremento.

Referências Bibliográficas

[1] Boyce, W. E.; Diprima,. R. C., *Equações Diferenciais Elementares e Problemas de Valores de Contorno,* LTC, 6ª Edição.

[2] Figueiredo, D. G.; Neves, A. F., *Equações Diferenciais e Aplicações,* Coleção Matemática Universitária — IMPA.

[3] Iório, V., *EDP — Um Curso de Graduação,* Coleção Matemática Universitária — IMPA.

[4] Medeiros, L. A.; Andrade, N. G., *Iniciação às Equações Diferenciais Parciais.* LTC.

[5] Kreider, D. L.; Kuller, R. G.; Ostberg, D. R., *Equações Diferenciais,* Blucher.

[6] Ayres, F. Jr., *Equações Diferenciais,* Coleção Schaum (1952).

Índice Remissivo